NFT

MUCHO MÁS QUE UNA IMAGEN

Mac Zam

Creando valor en la web3

Introducción

¿Es un NFT una imágen digital ? ó ¿ es mucho más que eso?. ¿Cómo se relaciona con el registro de propiedad?, ¿cómo se relaciona con cualquier tipo de registro?.

Bienvenido a la **segunda versión mejorada** de este libro, donde encontrarás capítulos completamente reestructurados y contenidos actualizados para reflejar los cambios ocurridos en el último año.

Iniciaremos este recorrido comentando sobre el concepto de propiedad, ilustrándolo con algunos ejemplos prácticos.

Si eres propietario de un automóvil, sabrás que es necesario registrarlo para verificar su propiedad. De igual forma, una casa debe figurar en un registro que confirme su titularidad. Sin embargo, en el caso de un computador, generalmente no contamos con un registro formal, lo que complica la comprobación de su propiedad.

En el ámbito de la propiedad digital, resulta posible demostrar la titularidad de un activo –como una imagen, un video o un PDF– a través de su registro. Este proceso se facilita enormemente gracias al uso de la tecnología blockchain, y es ahí donde entran en juego los NFTs (Tokens No Fungibles).

Pero más allá del registro digital, imagina un mundo en el que el arte cobra vida en tu pantalla, donde los coleccionables digitales son tan valiosos como los objetos físicos, y donde la propiedad en línea se redefine de maneras que nunca habíamos imaginado. Bienvenido al apasionante universo de los NFTs.

Ya sea que te estés iniciando en este término o que ya hayas explorado los Tokens No Fungibles, este libro ha sido diseñado pensando en tí. Los NFTs han irrumpido en el panorama digital y están revolucionando la forma en que entendemos la propiedad, el arte, los videojuegos y mucho más. Tanto si eres un entusiasta que ha adquirido NTFs como si te preguntas qué significa este acrónimo, aquí te llevaremos de la mano a través de un viaje fascinante.

Juntos exploramos las bases de los NFTs, su funcionamiento dentro de la tecnología blockchain y cómo están transformando industrias enteras. Descubriremos de qué manera los NFTs han permitido a los creadores monetizar sus obras de nuevas formas, cómo se han convertido en símbolos de estatus y cómo han revolucionado la forma en que interactuamos con la web.

Este libro también recorre brevemente la historia de los NFTs, destacando diferentes hitos y orientándose hacia Polkadot, a la que considero la madre de la web3 por generar las condiciones para que todas las blockchains se conecten de manera segura. A lo largo del camino, analizaremos ejemplos provenientes de diferentes ecosistemas, otorgando un lugar especial a Polkadot, sus parachains y a Astar Network.

Cuando avances hasta el capítulo dedicado a los casos de uso, notarás que no existen límites para la aplicabilidad de los NFTs: desde negocios y arte hasta la asombrosa capacidad de estos tokens para crear comunidades y conectar a las personas, muchas veces a través de un simple registro representado por una imagen.

Además, en el libro encontrarás enlaces a distintos proyectos web3, imágenes y esquemas diseñados para facilitar la comprensión de los conceptos, así como códigos QR que te permitirán acceder a un complemento en video para enriquecer aún más tu experiencia de lectura.

Así que, estimado lector, prepárate para un viaje emocionante hacia el futuro de la propiedad digital y para descubrir el impacto de los NFTs en nuestra vida cotidiana y en la forma de construir comunidades.

¡Comencemos este viaje !

Un abrazo.

MacZam

Rancagua, Chile, 2022.

Esta historia ocurre en la ciudad de Rancagua, a unos 85 km de Santiago, la capital de Chile, el país más austral del mundo.

Eduard es parte de mi familia y es una de las personas con quien puedo hablar de estos temas de nuevas tecnologías, ya que es curioso y siempre tiene ganas de aprender.

Hace un tiempo nos embarcamos en colaborar en un proyecto que finalmente no logró avanzar pero que fue una tremenda experiencia de aprendizaje.

Eduard estaba en sus últimos años de enseñanza secundaria, experimentaba con NTFs y tenía la misión de enseñar sobre el proyecto, entonces disponía de algunos NTFs para realizar alguna actividad, un concurso, un juego..., ahí llegó la gran pregunta de uno de sus compañeros,...

...Y para qué me sirve un NFT si yo puedo capturar la pantalla y tengo lo mismo...le dijo uno de sus amigos. (En este caso el NFT se veía como una imagen de una figura animada de color).

Y me quedé con esa afirmación,es que yo no era consciente que en ese entorno y quizás en muchos otros, no había conciencia de la diferencia entre una obra original debidamente registrada (en este caso en una blockchain y de una copia).

Finalmente el lector debe comprender que el NFT **no tiene que ver con una imagen**, tiene que ver con un registro único en una blockchain.

Entonces me di cuenta de que no había consciencia de que quien es poseedor de un NTFs puede demostrar esto, con el registro de la imágen en una blockchain ya que el token se encuentra asociado a una adress ó cuenta.

Los chicos tampoco tenían claridad de "qué es un NFT", así que este libro busca responder estas inquietudes e intentar colaborar en aclarar estos conceptos.

Es por esto por lo que en el libro intentaré explicar al lector conceptos y estándares y relataré un poco de historia, también presentaré algunos casos de uso y nuevos negocios y entonces, quizás el lector puede animarse a conocer un poco más e incluso a participar.

Algunas palabras.

Quiero detenerme en algunos casos de uso, como el primer libro de poesía NFT en el ecosistema de Polkadot, escrito por mi amigo Andrés Peña, periodista científico y escritor a quien agradezco a por enseñarme a valorar los NFTs como algo más que la pura especulación, como una herramienta para el arte en sus distintas formas.

Se presentan además ejemplos de juegos P2E y es una gran oportunidad para saludar al amigo Asturión, con quien compartimos algunas jornadas de juego, primero con Evolution Land y luego con Skybreak y es curioso, ya que, aunque nunca he visto en persona Asturion y sólo nos hemos relacionado a través del smartphone o un PC, me da toda la confianza que puede ofrecerme un gran amigo y espero encontrarlo pronto en otro P2E o proyecto que nos permita compartir ideas y experiencias.

También quiero dedicar este libro al equipo del **Editorial Board de Polkadot en Español**, a Yanko, Gabo, Andrés, Robín y en especial a JayC, con quienes he compartido gran parte del año ese gran desafío de comunicar, enseñar y difundir todo sobre Polkadot. JayC ha sido mi maestra en el arte del marketing digital, una profesional del mejor nivel de quien he aprendido mucho este último tiempo.

Finalmente quiero dedicar algunas palabras a mi padre, quien me dio los valores y además me mostró el camino del estudio permanente. Como niño, lo recuerdo siempre con un buen libro o escuchando buena música. Ya más mayor, le recuerdo siempre estudiando y aprendiendo, buscando información en el computador, navegando por la web, demostrando que no importa la edad, si quieres aprender, sólo debes esforzarte por hacerlo.

Y como uno de los hobbies de mi padre, es dibujar, varios de sus dibujos forman parte de una colección de NFT en el Marketplace de Unique.

También quiero agradecer a Pere el líder de una escuela de negocios que ha confiado en mí para la clase de NFT en el diplomado de Metaverso, una persona genial que me ha invitado a aportar desde mi lugar a un nuevo proyecto educativo que creo será un éxito.

Finalmente quiero agradecer a Matt, embajador de Astar Network, quien siempre ha estado atento a las dudas que puedan surgir y que me ha ayudado a comprender de mejor forma el mundo de los Marketplace, y me ha apoyado en mi tarea de auto descubrir el funcionamiento de las cosas y del Marketplace Bluez.

Por último mencionar que creo que esto puede parecer al lector un lenguaje inentendible, pero prometo que al avanzar en los capítulos, esa opinión va a ir cambiando.

Indice

Contenido

Parte I

Capítulo 1

1.1 Definiciones

Antes de entrar en NFT, y en los registros en una blockchain, iniciaremos desde cero, entendiendo que es un registro y porqué es importante.

Cuando nacemos y nuestros padres nos dan un nombre, ese nombre es **registrado** en un lugar. En muchos países existe un "registro civil", entonces tu padre o tu madre, deben presentarse en el registro civil e inscribirte en un registro.

Desde ese momento se te asigna un número único, conocido como número de identidad, DNI, y otros nombres.

El registro de tu nombre y tu DNI está custodiado por un **ente central** que guarda la información. Mencionar además que es probable que este número lo utilices toda tu vida para diferentes actividades donde se requiera autenticar tu identidad. Será muy importante para tí y sobre este número se van a generar muchos datos toda tu vida.

A continuación algunos conceptos y definiciones que vamos a utilizar en adelante en este libro.

1.1.1 ¿Qué es un registro?

Un **registro** es un sistema organizado para almacenar información relevante sobre personas, objetos, eventos o actividades. Su propósito es conservar, consultar y actualizar datos de manera confiable, permitiendo el seguimiento y verificación de hechos o situaciones en el tiempo. Los registros son fundamentales para la administración pública, la educación, la justicia, y muchas otras áreas de la vida cotidiana.

Ejemplos de registros comunes:

Registro de permiso de circulación de automóviles de un país. Este registro contiene los antecedentes de los vehículos que han pagado su permiso de circulación anual. Incluye datos como el propietario, la patente, el tipo de vehículo y su situación al día. Lo gestionan las municipalidades del país.

Registro de escrituras de propiedades: Aquí se almacenan las transacciones legales relacionadas con la compra, venta o herencia de bienes inmuebles. En Chile, estos registros son llevados por los Conservadores de Bienes Raíces, que son instituciones públicas con funciones notariales.

Registro de notas de un colegio: Es un sistema que guarda las calificaciones de los estudiantes a lo largo del año escolar. Este registro es administrado por cada establecimiento educacional y supervisado por el

Ministerio de Educación.

Registro de títulos y grados en una universidad: Contiene los antecedentes académicos de los alumnos que han finalizado sus estudios y recibido títulos profesionales o grados académicos. Es llevado por el Departamento de Registro Académico o Secretaría de Estudios de cada universidad.

Registro de socios de un club: Lista a las personas que forman parte de una organización social o deportiva. Incluye datos de contacto, historial de pagos y participación. Lo mantiene la directiva o administración del club.

1.1.2 ¿Centralizado o descentralizado ?

El lector ahora debe ser consciente de lo que es un registro, es decir, debe comprender además que mayormente ha interactuado con registros centralizados, pero la misión de este libro es introducirnos en los **registros descentralizados**.

Entonces diremos que un registro centralizado es aquel en que toda la información es almacenada y gestionada por una sola entidad o autoridad. Esta entidad tiene el

control total sobre el acceso, modificación y resguardo de los datos. Por ejemplo:
El registro de permisos de circulación está centralizado en cada municipalidad, las notas escolares se almacenan en el sistema del colegio. el Conservador de Bienes Raíces mantiene un registro centralizado de propiedades y las universidades guardan de forma centralizada los títulos y grados, por mencionar algunos.

Por otro lado, en un registro descentralizado la información **no está controlada por una única entidad**, sino que se almacena de forma distribuida en una red (por ejemplo, usando tecnología blockchain). Esto permite mayor transparencia, seguridad frente a manipulaciones, y acceso abierto o compartido según el diseño del sistema.

Si aplicáramos un sistema descentralizado a los ejemplos anteriores, podría significar, un registro nacional de vehículos donde cualquier autoridad (municipal, policial o judicial) pueda verificar en línea la validez del permiso; un sistema de propiedad inmobiliaria donde las escrituras estén en blockchain, facilitando traspasos y verificación sin papeleos; títulos universitarios digitales certificados en blockchain, que puedan ser presentados a empleadores sin necesidad de copias legalizadas; socios de un club validados en una red donde todos puedan ver el estado de su membresía y votaciones transparentes.

1.1.3 Blockchain

La **blockchain**, o **cadena de bloques**, es una tecnología que permite almacenar información de manera **segura, transparente y descentralizada**. Su origen está vinculado al nacimiento de Bitcoin, pero hoy en día su uso se ha extendido a múltiples áreas: finanzas, educación, salud, logística, arte digital, votaciones electrónicas, y más.

En el 2.2.3 de este libro mencionaremos algunas blockchains y profundizaremos en "Polkadot", la más avanzada de todas.

La blockchain es la clave de los registros descentralizados y es la gran innovación respecto a los registros de información.

1.1.4 Más conceptos

Mientras vas avanzando en la lectura del libro comenzarás a descubrir nuevos conceptos. Iniciaremos con algunos que los definiremos de manera muy sencilla.

Token

Entenderemos por "token" una representación que existe en una red blockchain. Más adelante profundizaremos en sus tipologías y sus utilidades.

Wallet

De momento el lector debe entender una wallet como una billetera para sus tokens, pero en realidad es un llavero, donde guardas tu llave. Más adelante se va a profundizar en este concepto.

Exploradores

De momento el lector debe entender un explorador como una herramienta para rastrear sus tokens. Más adelante se va a profundizar en este concepto.

Web3

Entenderemos por **web3** a la evolución de internet donde **los usuarios tienen el control** de su identidad, datos y activos digitales, gracias a tecnologías como **blockchain** y **smart contracts.**

Para entenderlo mejor repasemos la evolución.

Se entiende que **Web1 (1990 - 2000),** principalmente se utilizaba para leer. Algo así como una internet estática dónde solo podías consumir información.

Por otra parte **web2 (2000 - hoy)** , además de leer, te permite escribir. Las redes sociales, YouTube, apps, toman fuerza en este período y todas las personas publican contenido. Empresas como Google, Meta y Amazon toman la delantera en los servicios, a costa de un precio, tus datos.

Finalmente **Web3** permite leer, escribir y **ser dueño de tus datos**.

Se cree que la primera persona que se refiere al concepto web3, es el Dr. Gavín Wood.

1.1.8 Polkadot

Polkadot es una blockchain avanzada, con una gran comunidad y una serie de equipos que construyen un ecosistema. Más adelante profundizaremos en su filosofía y en su historia.

En el ecosistema Polkadot existen distintas iniciativas relacionadas con los NFTs, por mencionar algunas, Unique, Kodadot, Mythos, Bluez.

Unique

Unique es una blockchain del ecosistema Polkadot especializada en NFTs de nueva generación. Su tecnología permite la creación de tokens no fungibles altamente personalizables, escalables y con funciones avanzadas como NFTs dinámicos y patentes digitales. Unique está orientada a casos de uso como el arte, los videojuegos, la identidad digital y la certificación académica, todo con bajas comisiones y alta eficiencia.

Kodadot

KodaDot es una plataforma de NFTs desarrollada en el ecosistema Polkadot, especialmente para Kusama. Es de código abierto y enfoca sus esfuerzos en la sostenibilidad ambiental y la creatividad digital. Ofrece herramientas accesibles para artistas, creadores y desarrolladores que deseen emitir, coleccionar y comercializar NFTs con bajo impacto energético y alta eficiencia.

Bluez

Bluez es un marketplace de NFTs en el ecosistema Polkadot que permite a los creadores distribuir arte digital, música, libros, y experiencias tokenizadas. Bluez busca conectar a artistas con sus comunidades a través de colecciones únicas, experiencias interactivas y recompensas. Es ideal para publicaciones culturales, libros educativos y proyectos Web3 con impacto social. Algunos ejemplos más adelante en este libro están basados en Bluez. Al escribir la segunda edición de este libro, recibí la noticia que Bluez deja de operar, es una pena.Quizás cuando el lector lea este libro, ya no se encuentre operativo.

Mythos

Mythos es una plataforma narrativa construida sobre blockchain que permite a los creadores publicar historias, cómics y experiencias literarias en formato digital y NFT. Su enfoque está en empoderar a escritores, ilustradores y editoriales para que moneticen su trabajo de forma directa, asegurando propiedad intelectual, trazabilidad y comunidad participativa en un entorno descentralizado.

Capítulo 2

2.1 Un poco de historia

Y de los registros, nos vamos a la historia. Todo inicia con la primera blockchain, la red Bitcoin, el protocolo que genera la innovación y lo cambia todo permitiendo intercambios de un activo digital entre pares y sin un intermediario central, tal como funcionan las transacciones hoy en día.

La primera persona que me habló de Bitcoin, fue mi amigo Héctor, y en esa ocasión no entendí nada. Fue necesario para mi leer varias veces el white paper y otros documentos, para comprender la esencia de esta transformación.

Por suerte ya hay mucha información, hay libros, incluso hay cursos sobre Bitcoin, así que si bien siempre será un tema complejo de entender, el lector encontrará en la red, me refiero a internet, varias definiciones, ideas y posiciones sobre Bitcoin y una de ellas es que es una forma de dinero digital que utiliza criptografía para garantizar transacciones seguras, controlar la creación de nuevas unidades y verificar la transferencia de activos. Fue propuesto por una persona (o grupo de personas) bajo el seudónimo de Satoshi Nakamoto en un documento titulado "Bitcoin: A Peer-to-Peer Electronic Cash System", publicado en 2008.

Para no aburrir al lector, ni desviarme del tema, aquí hay algunas características clave de Bitcoin:

Descentralización

Bitcoin opera en una red descentralizada de nodos (computadoras) que ejecutan el software de Bitcoin. No está controlado por una entidad central, como un gobierno o un banco central.

Blockchain

Las transacciones de Bitcoin se registran en un libro de contabilidad público llamado blockchain. Este registro es inmutable y se distribuye en toda la red, lo que lo hace transparente y resistente a la manipulación.

Minería

La creación de nuevas unidades de Bitcoin, es con la "minería", e implica la resolución de complejos problemas matemáticos. Este proceso asegura la red y añade nuevas monedas al suministro.

Escasez

La oferta de Bitcoin está limitada a 21 millones de monedas. Esto crea un elemento de escasez, similar a metales preciosos como el oro, así que si logras tener uno, o una parte pequeña de un BTC, serás parte de un pequeño grupo de la población de BTC.

Divisibilidad

Un Bitcoin se puede dividir en fracciones más pequeñas, llamadas satoshis. Un satoshi es la unidad más pequeña de Bitcoin, equivalente a 0.00000001 BTC.

Anonimato relativo

Mientras que las transacciones de Bitcoin son públicas, las identidades de las personas involucradas en esas transacciones son en gran medida anónimas. Sin embargo, la privacidad en Bitcoin no es total, y hay esfuerzos continuos para mejorarla.

Bitcoin ha ganado atención como una forma de inversión, un medio de intercambio y una reserva de valor. Su adopción ha ido creciendo con el tiempo, aunque la regulación y la percepción pública varían en todo el mundo.

Hay mucha información sobre Bitcoin en internet, videos, artículos y libros, así que avanzaremos unos años para recordar la historia, comenzando desde el principio con el origen de las "monedas de colores".

Si te das cuenta la idea de BTC también es la de un registro, en este caso descentralizado con una connotación de valor que le da su escasez. En adelante mencionaremos algunos ejemplos de los primeros NFTs, siempre vinculados a una imagen, pero querido lector, no te confundas, los NFTs son mucho más que una imágen.

2.1.1 Las monedas de colores

Si buscas un poco en la web, encontrarás que las primeras informaciones de las monedas de colores se remontan al año 2012. En marzo de ese año, Yoni Assia (el CEO de eToro), presentaba la idea "colored coin" en su blog personal. (Acá mismo encontrarás la publicación).

Al poco tiempo, en diciembre de 2012, Meni Rosenfeld publica un whitepaper explicando las colored coin y en 2013, nacía "Colored Coin Protocol" de Flavien Charlon, un protocolo que permitía crear colored coin, algo así como tokens no fungibles, así podríamos decir que las monedas de colores son el origen de los NFTs, pero luego la historia continúa con un animal en un dibujo, la caricatura de una magnífica rana.

Debo mencionar además que en enero del 2025, se generó una entretenida discusión con Robin, en el Editorial Board de Polkadot en Español. En ese momento, Robin me enseñabala obra "Quantum", creada el 2 de mayo de 2014 por Kevin McCoy, una obra de arte, registrada como NFT. la cual sería técnicamente el primer NFT.

2.1.2 Pepe la rana

En el distante 2005, surgió un personaje peculiar que pronto se convertiría en un fenómeno cultural. Una rana verde y simpática, creada por el señor Matt Furie para su cómic "Boys Club", encarnaba la esencia de seguir nuestras pasiones a pesar de las adversidades.

Lo que comenzó como un personaje de cómic encontró su camino en las redes sociales, convirtiéndose en uno de los memes más icónicos en plataformas como twitter, sin embargo, la verdadera metamorfosis ocurrió en 2016, cuando un usuario de la blockchain Counterparty dio vida a tres modelos de cartas Pepe, registrándose en la blockchain.

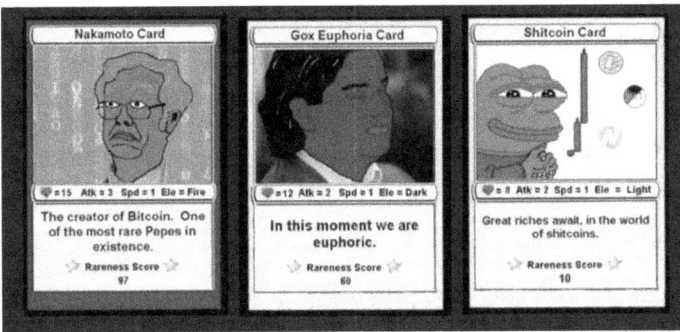

Este fue sólo el comienzo de una nueva era para Pepe. Surgieron colecciones, comunidades y un florecimiento de arte digital en torno a este personaje, sin embargo, la verdadera explosión llegó en 2021, cuando una de las cartas originales de Pepe se vendió por la asombrosa cifra de 300,000 dólares, estableciendo un récord como el NFT más caro de la historia.

La historia continúa, con innumerables cartas NFT de Pepe que capturan diversas interpretaciones y estilos.

Desde representaciones clásicas hasta innovadoras, el mundo de Pepe en el espacio NFT ha evolucionado, llevando consigo no solo la imagen de una rana, sino también la historia de cómo la cultura digital puede transformarse en valiosos activos digitales.

Y así de las cartas y NTFs de ranas, la historia nos lleva a un nuevo animal, ya que el lector observará que los animales son los favoritos en el mundo de los NFT, así ahora explicaremos la historia con los gatos.

2.1.3 Criptokities

Los CryptoKitties nacen a fines del año 2017 como un juego. Los participantes pueden comprar, vender y criar un gato que está representado por una imagen, un NFT, desplegado en la red Ethereum y único, utilizando un nuevo estándar, el ERC721, que analizaremos en los próximos capítulos.

Cada Cryptokitty es único, tiene un genoma digital almacenado en un Smart Contrat, concepto que será desarrollado más adelante.

Recuerdo que fue tan grande el ánimo de la comunidad, que muchos querían su NFT y la red de Ethereum colapsó. En esos años comentábamos con mi gran amigo Tito, que una transacción de otro token en la misma blockchain, tardaba casi 48 horas dado el colapso de la red.

Y es así como la mismísima CNN escribe un artículo sobre estos NTFs, vendiendo en ese momento el más costoso a 110.707 dólares.

Pero todo lo que sube, puede bajar y estos populares NTFs pierden su valor y también la noticia es registrada por importantes medios como la BBC.

Hoy en día el proyecto sigue vivo, ha evolucionado y encontrarás información en su web.

2.1.4 Los P2E y Evolution Land

Y así continúa la evolución y es precisamente el nombre del juego, Evolution Land un ejemplo de caso de uso de NTFs para un juego del tipo Play2Earn, algo así como "juega y gana".

El juego fue construido por el equipo de Darwinia Network, una blockchain, parachain del ecosistema Polkadot-Kusama.

Participé con el equipo como embajador y aprendí muchísimo sobre su trabajo, también jugué el juego y conocí a interesantes personas tales como Asturion, Megan, Jesse, entre otros.

El juego consiste en que los participantes pueden comprar tierras digitales (como NFT) y para explotarlas, requieren de trabajadores, llamados apóstoles y taladros, que también son NTFs. De las tierras pueden extraer oro, madera, agua, fuego,... y estos recursos podrán ser utilizados en el juego y además podrán ser comercializados.

Todo en el juego es posible de comercializar y se requiere generar una estrategia para conseguir más recursos.

Hoy mismo el juego sigue vivo, pero con pocos usuarios y si entras a curiosear verás que está desplegado en cinco blockchains que representan cinco continentes, Ethereum es Atlatis, Tron es Byzantino, Crab es Columbus, Heco es Dawning y Polygon es el Edén.

El lector debe ser consciente que es sólo un juego, pero que al ser monetizable, tendrá riesgos y que en este tipo de juegos, si hay usuarios, es decir jugadores, todo va bien, ya que hay oferta y demanda de NTFs, hay transacciones, puedes comprar/vender tierras, apóstoles, taladros y recursos; pero si no hay usuarios, no hay transacciones y entonces no hay liquidez y el jugador puede quedarse con una serie de NTFs sólo para el recuerdo, que serán difíciles de comercializar. En los siguientes capítulos profundizaremos en el valor de los NFTs y en los Marketplaces.

2.1.5 Monos Mutantes

En abril del 2021 nacen los monos mutantes, una colección de 10.000 NFT únicos, coleccionables desplegados en la cadena de Ethereum. En este caso el NFT funciona como una tarjeta de membresía de un club, el Yacht Club, y otorga beneficios exclusivos a sus miembros.

7491
23,86 ETH
Last sale: 23,16 WETH

3238
24,169 ETH
Last sale: 23,95 WETH

5521
24,199 ETH
Last sale: 23,33 WETH

5882
24,88 ETH
Last sale: 22,7 ETH

En este caso de uso, se han presentado transacciones por altos montos, cantidades incomprensibles para una imagen registrada en una blockchain, pero quizás totalmente válidas para el acceso a un club privado. En la nota del observatorio blockchain, se menciona a un deportista famoso que compra uno de estos NTFs por una importante suma de dinero. En los siguientes capítulos profundizaremos en la comercialización de los NFTs.

2.1.6 Astar Degens

Astar Degens es un interesante ejemplo de un NFT que se crea para formar una comunidad en torno a una cadena de bloques.

Quienes quieren formar parte de esa comunidad, requieren de un NFT de la colección.

A su vez, la comercialización de estos NFTs ha generado una tesorería que tiene por objeto ser utilizada por la comunidad. Es un caso de uso muy interesante de estudiar para quienes quieren formar un grupo, una organización o una DAO.

En el capítulo de casos de uso profundizaremos sobre esta experiencia y respecto de las DAOs, creo que es un tema fascinante del cual será necesario escribir un nuevo libro. Astar Degens, se aloja en Astar Networks.

2.1.7 Rockies

Los Rockies son parte de una colección de NFT que pudo ser una pieza importante en un proyecto que finalmente dejó de trabajar por falta de recursos.

Es precisamente cómo inicia este libro, con la historia de Martín, también llamado Eduard.

Los Rockies representaban a los novatos, pero también estaban los experimentados y los maestros. Cada uno de estos NTFs podía ser obtenido al participar en tareas de un proyecto llamado DICO.

Hoy sólo son imágenes, pero fueron pensados para obtener reputación y beneficios.

2.1.8 NFL rivals

NFL Rivals es un juego móvil de fútbol americano desarrollado por Mythical Games en colaboración con la NFL y la NFL Players Association (NFLPA). Lanzado en abril de 2023 para dispositivos iOS y Android, este juego combina elementos de arcade con tecnología blockchain para ofrecer una experiencia de juego única.

En NFL Rivals, los jugadores asumen el rol de gerentes generales (GM) de equipos de la NFL, permitiéndoles construir, mejorar y personalizar sus equipos mediante la colección de cartas digitales de jugadores. Estas cartas están representadas como tokens no fungibles (NFTs) en la blockchain Mythos, lo que permite a los jugadores poseer, comprar, vender e intercambiar sus cartas en un mercado digital.

El juego ha tenido una recepción positiva, alcanzando más de 6 millones de descargas y superando el millón de billeteras activas en la cadena Mythos. Además, NFL Rivals se destaca por integrar la tecnología Web3 de manera accesible, permitiendo a los jugadores participar en el mercado de NTFs y utilizar MYTH para transacciones.

2.1.9 Más ejemplos

Y así son muchos los ejemplos de colecciones de NTFs en diferentes cadenas de bloques y que hoy mismo compiten por la popularidad y que serán mencionadas más adelante en este libro, las Kanarias, los YoudleDao, los Degens, xAlice, los Astar Cats, Jungle Badges, entre muchos otros.

Pero recordemos la idea de "registro", los NFTs vistos como una colección de imágenes son sólo un subconjunto de los productos posibles.

Será posible construir certificados, títulos, acreditaciones, comprobantes,etc... imagina cualquier registro o documento que utilizas en algún momento de tu vida y piénsalo como un NFT.

Estimado lector, en la corta historia de los NFTs hay muchos ejemplos de registro de imágenes como coleccionables y es por eso que se les asocia siempre, pero te recuerdo nuevamente, un NFT es mucho más que una imágen.

2.2 ¿Qué es un NFT?. Conceptos- curiosidades

Ya se ha mencionado el significado de "registro", además se han entregado algunas ideas sobre registros centralizados y descentralizados. Por otra parte, se ha mencionado una breve historia de los NFTs.

Ahora es el momento de definir NFT, en español, "token no fungible", y profundizar en los conceptos .

2.2.1 Fungibilidad

La etimología de la palabra "fungible" se rastrea hasta el vocablo latino "fungi", que denota el acto de "gastar". Simultáneamente, el sufijo "ble" se asocia a objetos que, con el uso, experimentan un proceso de consumo. Con precisión, este concepto se emplea para describir aquello que, al ser utilizado, se agota en su esencia.

Por ende, un bien fungible se define como un bien mueble que, conforme a su propia naturaleza, se consume al ser empleado. Se destaca que, a diferencia de los bienes inmuebles, los bienes muebles son susceptibles de ser trasladados.

Cuando un bien fungible alcanza su consumación, es susceptible de ser sustituido por otro de calidad idéntica. Contrariamente, los bienes no fungibles, dada su singularidad inherente, no pueden ser intercambiados por otros de manera equivalente.

Uff suena difícil pero acá está la clave. Los bienes no fungibles, no pueden ser intercambiados por otros idénticos, **porque no hay otro igual**.

Vamos con ejemplos sencillos al lector.

Ejemplo 1

El dinero es fungible, da lo mismo una moneda de a 10, que otra moneda de a 10.

Ejemplo 2

Da lo mismo 10 billetes de 1 dólar, que otros 10 billetes de 1 dólar.

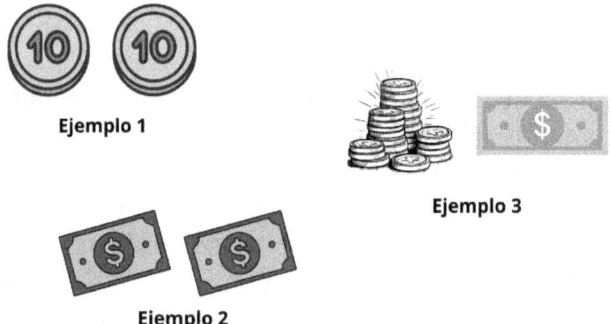

Ejemplo 1

Ejemplo 3

Ejemplo 2

Ejemplo 3

Hay 10 amigos, si cada uno entrega 100 pesos, ya sea en monedas de 1, 10 o 100, sumarán 1000 pesos. Al tiempo después devuelven a cada uno 100 pesos, entonces, cada uno recibirá lo mismo, aunque no sean las mismas monedas que ha entregado.

En fin, el dinero es fungible.

Ejemplo 4

Una pintura de un artista y otra pintura de otro artista, son distintas, no son fungibles, incluso si son del mismo artista, son diferentes. Lo mismo con una canción y otra, son diferentes.

Ejemplo 5

Piensa en un ticket de avión, pudiese ser lo mismo uno y otro, pero si ocupan una distinta posición, ya no son iguales.

Ejemplo 6

Una entrada a un partido al estadio en la posición de galería, con otra de la misma posición son iguales, pero cuando son ubicaciones numeradas, ya no son iguales.

Son muchos los ejemplos que podría entregar de cosas, bienes, documentos, etc... que podrían ser representados como un elemento no fungible.

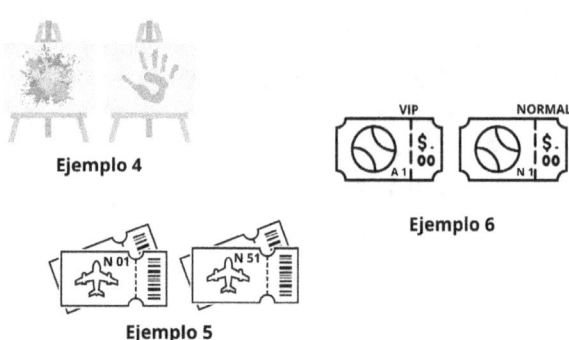

Ejemplo 4

Ejemplo 6

Ejemplo 5

2.2.2 ¿Qué es un NFT?

Y entonces, ¿Qué es un NFT?,

Leamos algunas de las muchas definiciones que encontraremos en la web.

Un token no fungible (TNF, también conocido por la sigla NFT, del inglés non-fungible token) es un activo digital encriptado. (wikipedia)

Los NFU son artículos coleccionables tokenizador valorados por su singularidad y rareza, populares en BNB Chain y Ethereum. (Binance Academy)

Un token no fungible, es un token criptográfico que tiene la capacidad de ser un token único e irrepetible. Uno que no puede ser dividido pero que puede ser utilizado para representar objetos del mundo real o digital junto a sus características propias, así como la propiedad del mismo, mientras mantiene todo ello dentro de una representación en una blockchain por medio de un smart contract.

(BIT2Me Academy)

Mi idea es que el lector debe remitirse a su nombre "NFT", que contiene las palabras "token" y "no fungible".

Entonces, *un NFT es un token, es decir es una unidad que puede representar un activo digital y criptográfico; también puede sólo ser una unidad digital, que al ser criptográfica está registrada en una blockchain asociada a una adress, a una cuenta. Y además al ser no fungible, no hay ninguno igual al otro.*

Finalmente lo realmente importante para mí es que es un "registro" en la blockchain, puede verse como una imagen, como un video, como una canción, como un pdf, etc...

En la imagen a continuación se presentan algunos tokens fungibles, como BTC, ETH, DOT, KSM, ASTR, ... y otros no fungibles como los Apóstoles, los Astar Punks, los Monos Mutantes, Pepe la rana, entre otros...

Es importante que el lector entienda que un NFT es un registro en una blockchain.

El día de mañana quizás un permiso de circulación de un automóvil, un registro de vacuna, un registro de una universidad, etc..., podrán ser NTFs.

2.2.3 Cadenas de bloques

Recordar al lector que blockchain quiere decir, cadena de bloques y los NFTs se registran en cadenas de bloques.

Si bien en este libro no profundizaremos en cadenas de bloques, el lector debe imaginar una cadena, donde cada eslabón es un bloque, algo así como un lego, un ladrillo y cada bloque tiene registradas las transacciones.

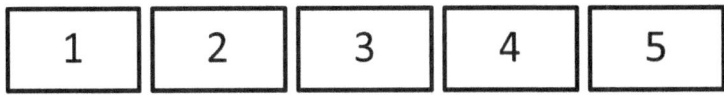

Algunas cadenas de bloques populares serán mencionadas más adelante, tales como, Ethereum, Binance Smart Chain, Polygon, Polkadot, Astar, Optimism, Solana, entre otras.

Este libro se dedica a NFT en Polkadot, así que los ejemplos principalmente serán sobre este ecosistema.

2.2.3.1 Ethereum.

Ethereum, creado por Vitalik Buterin, Gavin Wood y otros fundadores, en el año 2015, es una plataforma blockchain revolucionaria diseñada para permitir la creación de contratos inteligentes y aplicaciones descentralizadas (DApps). Su objetivo inicial era ampliar las capacidades de Bitcoin y permitir la programación de acuerdos automatizados en una cadena de bloques. Desde entonces, Ethereum ha experimentado un crecimiento significativo y se ha convertido en el pilar de un ecosistema de criptomonedas y dApps en constante expansión. Su versatilidad y adopción han convertido a Ethereum en una tecnología fundamental en la era de la blockchain.

2.2.3.2 Binance Smart Chain.

Binance Smart Chain (BSC) es una cadena de bloques creada por el exchange de criptomonedas Binance, con Changpeng Zhao (CZ) como su fundador. Su objetivo inicial era proporcionar una plataforma de contratos inteligentes más rápida y económica en comparación con Ethereum. Desde su lanzamiento en 2020, BSC ha experimentado un rápido crecimiento y ha atraído a desarrolladores y proyectos que buscan aprovechar su eficiencia y escalabilidad para crear aplicaciones descentralizadas (dApps) y servicios en el mundo de las criptomonedas.

2.2.3.3 Polygon.

Polygon, fundado por Jaynti Kanani, Sandeep Nailwal y Anurag Arjun, es una solución de escalabilidad para la cadena de bloques Ethereum. Su objetivo inicial era abordar los problemas de congestión y altas tarifas en la red Ethereum, proporcionando una infraestructura que permitiera un mayor rendimiento y una mejor experiencia para los usuarios y desarrolladores. Desde su lanzamiento, Polygon ha experimentado un rápido crecimiento y se ha convertido en una solución clave para el ecosistema de Ethereum, facilitando la creación de aplicaciones descentralizadas y ofreciendo una experiencia más eficiente y económica en la cadena de bloques.

2.2.3.4 Astar Network.

Astar Network es una blockchain que nace en Japón para desplegar Smart Contracts en entorno EVM y en entorno WASM y hacerlos interoperables mediante una máquina virtual cruzada. También cuenta con un innovador programa de incentivo a los constructores que les premia por su trabajo en el desarrollo de dApps. Ya hay varias dApps desplegadas en la red y entre ellas las de finanzas descentralizadas, algunas de ellas descritas en el libro Defi en Astar Network.

El lector encontrará toda la información de Astar Network en su web y en su wiki.

https://astar.network/; https://docs.astar.network/

2.2.3.5 Solana.

Solana, fundada por Anatoly Yakovenko, es una cadena de bloques de alto rendimiento diseñada para abordar los desafíos de escalabilidad en el espacio de las criptomonedas. Su objetivo inicial era ofrecer una plataforma que pudiera manejar un gran número de transacciones por segundo y proporcionar tiempos de confirmación rápidos, lo que la hace ideal para aplicaciones descentralizadas y proyectos de blockchain que requieren un alto rendimiento. Desde su lanzamiento, Solana ha experimentado un crecimiento significativo y ha atraído a una comunidad de desarrolladores y proyectos que buscan aprovechar su escalabilidad y eficiencia para crear aplicaciones y servicios en el mundo de las criptomonedas.

2.2.3.6 Optimism.

Optimism, fundado por Karl Floersch y Ben Jones, es una solución de capa de escalabilidad diseñada para mejorar el rendimiento y la eficiencia de la cadena de bloques Ethereum. Su objetivo inicial era abordar los problemas de congestión y altas tarifas en Ethereum, permitiendo transacciones más rápidas y económicas a través de la implementación de rollups de capa dos. Desde su lanzamiento, Optimism ha experimentado un crecimiento continuo y se ha convertido en una solución clave para mejorar la escalabilidad de Ethereum y mejorar la experiencia de los usuarios y desarrolladores en la red.

2.2.3.7 Polkadot.

Polkadot, fundado por el cofundador de Ethereum, Dr. Gavin Wood, es una plataforma de cadena de bloques innovadora que tiene como objetivo conectar y habilitar la interoperabilidad entre cadenas de bloques. Su objetivo inicial era abordar la fragmentación y la falta de comunicación entre diferentes blockchains, permitiendo que estas redes operan de manera conjunta y compartan datos y activos.

Desde su lanzamiento, Polkadot ha experimentado un crecimiento constante y se ha convertido en una infraestructura esencial para el ecosistema de blockchain, brindando soluciones de escalabilidad, seguridad y gobernanza para proyectos descentralizados en todo el mundo. Es mi favorita.

2.2.4 La wallet

Estimado lector, siempre que escuches o leas "wallet" pensarás en una billetera, pero realmente para este escritor, se asemeja más a un llavero, ya que sirve para guardar las llaves. Vamos a profundizar ahora.

2.2.4.1 La billetera de cuero

Es posible que el lector esté familiarizado con una billetera. Recuerdo que cuando niño mi padre me regaló una billetera de cuero, luego creo que tuve una con cierre de velcro, pero generalmente no tenía billetes. Sólo en algunas ocasiones un billete, pero por lo general, un calendario, algunas fotos, un papel importante, es que un niño no tiene dinero y por eso la billetera lleva otros elementos.

2.2.4.2 La billetera digital

Hace pocos años, las billeteras evolucionaron y comenzamos a verlas como aplicaciones llamadas App y a instalarlas en los teléfonos inteligentes. Probablemente muchos bancos en diferentes países han construido una billetera, una wallet para sus clientes y ellos acceden a su información en sus smartphones.

Ja,...la billetera digital no tiene ningún billete, igual que la mía de niño.

Por lo general puedes ver ahí una representación digital del saldo de tu cuenta en una institución financiera, también puedes ver la información de tus tarjetas, podrás realizar transacciones y recibir notificaciones. La billetera digital se conecta finalmente al sistema central de la institución respectiva para acceder a la información en línea. Si los sistemas de la institución fallan, entonces el usuario no tendrá acceso a sus saldos, a su información y a sus transacciones.

Billetera de cuero   Billetera digital   wallet criptográfica

2.2.4.3 Wallet criptográfica

La nueva billetera es la criptográfica y de manera similar a la digital, te permitirá ver tus saldos y tus tokens registrados en una blockchain. Por ejemplo, si tienes un saldo de BTC, en tu billetera verá el saldo y es posible además que puedas realizar transacciones, como transferencias y pagos.

Con el tiempo observamos que existen muchas billeteras criptográficas, algunas de papel, otras de escritorio, otras para el teléfono.

Dedicaremos un capítulo a estudiar algunos ejemplos de billeteras digitales, ya que los NFT, al ser tokens, si bien son un registro en la blockchain, será necesario que el lector tenga una billetera cripto si quiere experimentar con NTFs.

Acá un video que resume que es una wallet, que puede ayudar a comprender mejor el concepto.

VIDEO

¿Qué es una wallet?

Mencionar además que una wallet no tiene los saldos de las cuentas y si hacemos una analogía con el mundo físico, la wallet no tiene los billetes dentro de ella, como mencionamos anteriormente, sino que tiene las llaves que permiten abrir la billetera para ejecutar transacciones. Quizás debería llamarse llavero y no billetera o wallet. En ocasiones también se le llama cartera.

2.2.4.4 Las Llaves

Es importante también mencionar al lector que las llaves de la wallet tienen la capacidad de desencriptar los mensajes y por lo mismo si pierdes tu llave, ya no podrás utilizar tu billetera y dado que el sistema es totalmente descentralizado, no existe una entidad aún que pueda ayudarte a recuperar tu llave y tus fondos y si tus llaves caen en manos inadecuadas, seguro vas a perder tus fondos y no tendrás como recuperarlos, así que ten cuidado.

Las llaves son más o menos así

assdFFFssjj12348lrndñlJKU768fhhj#%&/OLKDBGHFAIer
wfh38762kkdhg9887yyehjksnFGGJDK4

y claro, es muy difícil el recordarlas, por lo cual generalmente se almacenan en un fichero y lo que conocemos es la clave de ese fichero, una clave mucho más pequeña y que es posible recordar, pero no olvides que por sobre todo debe ser segura.

Las wallets además consideran un mecanismo de restauración para las llaves y por lo general cuando creas una te pedirá guardar una cantidad de palabras, 12, 15 o 20 y será con estas que podrás restaurar tu billetera en cualquier dispositivo, así que cuídalas y no las expongas jamás.

En este video podrás repasar la diferencia entre llave o clave y contraseña.

VIDEO

Clave y contraseña

Mencionaba anteriormente que para utilizar un servicio descentralizado, una dApp, no será necesario registrarte ni entregar ningún dato, sólo será necesario conectar tu billetera.

En este libro nos vamos a referir a dApps que se utilizan con diferentes wallets, por ejemplo la wallet Metamask configurada en diferentes redes, como por ejemplo en la red Astar Network y en el siguiente video se muestra cómo hacerlo.

VIDEO

Configura red Astar en Metamask

También exploramos algunas dApps que se conectan a cuentas nativas de substrate.

2.3 Estándares de los NFTs.

Iniciaremos con un ejemplo para el lector.

Imagina que estamos en una época en que se están inventando las ampolletas con tecnología led. Supongamos que existen varias compañías en el mundo trabajando este nuevo producto y todas crean algo nuevo, similar, pero cada una de las nuevas ampolletas considera una forma de conectividad diferente. Entonces en las casas que se construyen en distintos lugares del mundo, no saben qué tipo de piezas utilizar para que el usuario final instale las ampolletas. Es necesario generar un estándar, una norma general, que pueda ser utilizada por los fabricantes y los distintos actores, para que luego las piezas puedan encajar.

En el blockchain ocurre lo mismo, es sumamente necesario generar estándares para que quienes construyen nuevas aplicaciones consideren estos estándares y sea más simple la integración de nuevas herramientas.

Sería poco práctico construir una billetera con un estándar, una herramienta de seguridad contra fraudes con otro estándar, una herramienta de identidad digital con otro estándar y un Marketplace con otro estándar. Finalmente, lo que el usuario necesita es que las herramientas se conecten y sólo utilizar el servicio que requiere.

En las blockchains, los tokens son las piezas fundamentales y requieren de un estándar. Los más populares hoy son tres, ERC-20, ERC-721 y ERC-1155, pero quizás cuando el lector este leyendo, esto sea diferente.

A continuación se detalla sobre cada uno de ellos.

2.3.1 ERC20, el primero.

ERC20, quiere decir "Ethereum Request for Comments 20", es quizás el estándar más relevante en todo el ecosistema cripto. Propuesto por Fabian Vogelsteller en Noviembre 2015, es un estándar de token utilizado en la blockchain de Ethereum y que ha sido la guía de otros estándares.

El estándar ERC20 permite:

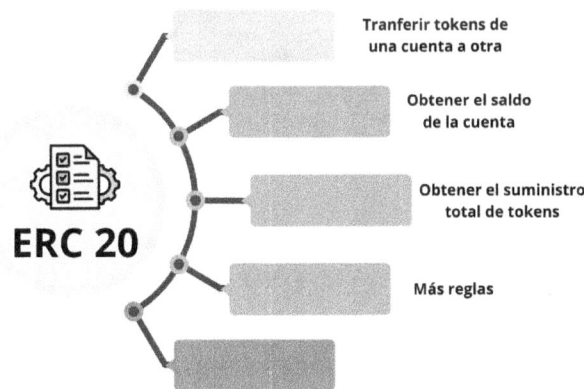

El ERC20 es un estándar que tiene una propiedad que hace que cada token sea exactamente igual (en tipo y valor) que otro token. Esto es lo que lo hace diferente a un NFT.

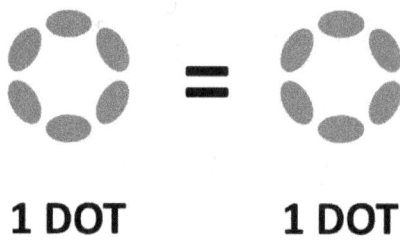

1 DOT   1 DOT

Por ejemplo, un token ERC-20 actúa igual que ETH, es decir, 1 token es y siempre será igual a todos los demás tokens.

Mismo caso con el token DOT, un token DOT y otro, serán exactamente lo mismo, es decir no es posible diferenciarlos.

Finalmente si tienes 2 ASTR, ambos son idénticos.

2.3.2 ERC721, token no fungible.

El estándar ERC-721, "Ethereum Request for Comments 721", es un conjunto de reglas y especificaciones técnicas que rigen la creación y el funcionamiento de tokens no fungibles (NFT) en la cadena de bloques Ethereum. A diferencia de los tokens fungibles, como los ERC-20, que son intercambiables entre sí y representan activos que son indistinguibles entre sí, los NFT **son únicos y representan activos digitales únicos**, como obras de arte, bienes raíces virtuales, entradas digitales, coleccionables y más, pero lo más importante, consideran un registro único, inmutable.

Aquí están las características y especificaciones clave del estándar ERC-721:

Unicidad

Cada token ERC-721 es único y tiene una identificación única en la cadena de bloques. Esto permite que represente un activo digital único y auténtico.

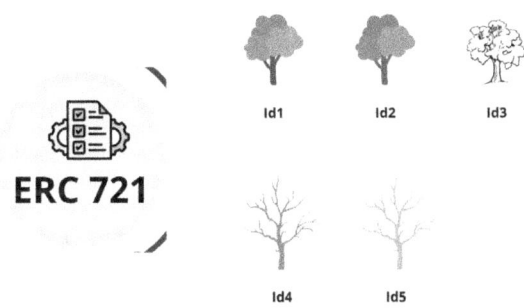

En este ejemplo los 4 NFT son diferentes ya que están registrados con un número id distinto en la blockchain.

Propiedad y transferencia

Los tokens ERC-721 permiten que los usuarios sean propietarios exclusivos de un activo digital y puedan transferirlo a otros usuarios. La transferencia implica el cambio de propiedad en la cadena de bloques.

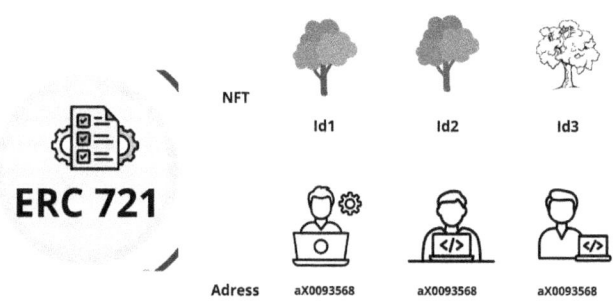

Nombre y símbolo

Cada contrato ERC-721 puede tener un nombre y un símbolo (abreviatura) que ayudan a identificar el tipo de activo digital que representa.

Funciones estándar

Los tokens ERC-721 incluyen ciertas funciones estándar, como balanceOf (para verificar cuántos tokens posee un titular), ownerOf (para verificar quién es el propietario de un token específico), transferFrom (para transferir un token de un titular a otro) y approve (para otorgar permisos a terceros para transferir un token en nombre del titular).

Eventos

Los contratos ERC-721 emiten eventos para notificar a las partes interesadas sobre transacciones y cambios de estado en la cadena de bloques. Esto es útil para rastrear la propiedad y la transferencia de NFT.

Escasez programable

Los desarrolladores pueden crear contratos ERC-721 que representen activos digitales escasos o limitados en cantidad, lo que puede aumentar su valor y atractivo.

Los NFT basados en el estándar ERC-721 se han utilizado en una amplia variedad de aplicaciones, como el arte digital, los juegos en línea, la música, los bienes raíces virtuales, las entradas digitales y los coleccionables. Debido a su capacidad para representar activos únicos y auténticos, los ERC-721 han ganado popularidad en el mundo de los activos digitales y han permitido la creación de mercados y aplicaciones especializadas en la cadena de bloques Ethereum.

El ERC-721, fue propuesto por William Entriken, Dieter Shirley, Jacob Evans, Nastassia Sachs en enero de 2018.

Muchos de los ejemplos que revisaremos en este libro corresponden a NFT del tipo ERC721, pero no es el único estándar para los NFTs.

Encontraremos además estándares muy similares al ERC721, en otras blockchains.

2.3.3 Optimizando con ERC1155

El estándar ERC-1155 es un estándar de tokens desarrollado en la cadena de bloques Ethereum que permite la creación de tokens que pueden ser fungibles o no fungibles en una sola implementación.

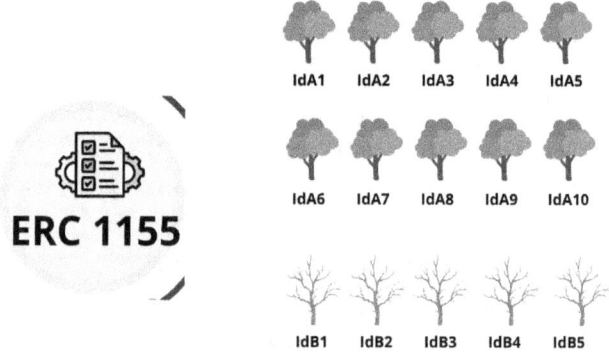

Para que sea un poco más claro al lector, imagina que creas una obra y es única, pero tú quieres que existan 10 iguales, entonces este estándar te permite definir un NFT en el cual existen 10 obras idénticas.

Las características clave del estándar ERC-1155 son las siguientes:

Fungibilidad y no fungibilidades combinadas

ERC-1155 permite a los desarrolladores crear tokens que pueden ser fungibles (intercambiables entre sí) o no fungibles (únicos) dentro del mismo contrato. Esto significa que un contrato ERC-1155 puede representar tanto monedas como activos digitales únicos, todo en una sola implementación.

Eficiencia y ahorro de gas

ERC-1155 se diseñó para ser eficiente en cuanto al consumo de gas en la cadena de bloques Ethereum. En comparación con la creación de múltiples contratos para tokens diferentes, ERC-1155 puede ahorrar costos de gas al consolidar todos los tokens en un solo contrato.

Interoperabilidad

Los tokens ERC-1155 son compatibles con una amplia variedad de aplicaciones y billeteras que admiten el estándar. Esto facilita su uso en una variedad de aplicaciones, desde juegos en línea hasta plataformas de arte digital y coleccionables.

Funciones estándar

Al igual que con otros estándares, ERC-1155 incluye funciones estándar como balanceOf (para verificar cuántos tokens posee un titular), safeTransferFrom (para transferir tokens de un titular a otro), approve (para otorgar permisos a terceros para transferir tokens en nombre del titular) y más.

Eventos y notificaciones

Los contratos ERC-1155 pueden emitir eventos y notificaciones para mantener a las partes interesadas informadas sobre transacciones y cambios de estado en la cadena de bloques.

ERC-1155 es especialmente útil en aplicaciones de juegos en línea, donde los desarrolladores pueden usarlo para representar tanto monedas del juego como activos de juego no fungibles, como armas, skins, personajes y otros elementos.

Al permitir una gestión más eficiente de activos digitales diversos, ERC-1155 ha contribuido a la economía de juegos en línea y a la creación de mercados de tokens digitales intercambiables.

Por ejemplo en el juego Evolution Land, necesitas taladros para explotar las tierras, entonces existen tres o cuatro tipos de taladros. Del taladro1, supongamos que existen sólo 1000 iguales; del taladro2, existen 500 iguales, y así.

Como segundo ejemplo de un juego, pueden existir 5 tipos de autos, 1000 marca 1, 2000 marca 2, 3000 marca 3, 10.000 marca 4 y 100.000 marca 5. Para este ejemplo necesitaremos un ERC1155.

2.3.4 La magia de RMRK

RMRK fue fundada en el año 2020 por Bruno Skvorc, en ese momento educador técnico de la fundación web3 y según sus palabras, en un principio sólo fue un juego, pero el proyecto evolucionó para convertirse en un equipo de desarrollo de estándares NFT 2.0, en Kusama, la red Kanaria de Polkadot.

Bruno ha sido muy amable al proporcionarme una serie de recursos, tales como entrevistas, tutoriales, videos, que me han sido de utilidad para entender de mejor manera lo que han construido y que intento resumir en estas líneas.

2.3.4 Bruno crea RMRK

Todo inicia con un ex desarrollador web que se adentra en el movimiento blockchain en 2015 con la llegada de Ethereum. Desde su experiencia en Ethereum hasta su compromiso con la Fundación Web3, Bruno ha desempeñado un papel clave en la evolución de la tecnología blockchain aplicada a los NFTs.

El punto culminante de su trayectoria llega con la creación de RMRK, un estándar revolucionario para construir NFT en las cadenas Polkadot y Kusama. A través de singular.rmrk.app, su equipo desarrolló un sistema de NFT avanzado.

El primer producto de RMRK fué, Kanaria, una colección de aves que reunían las distintas características que entregan los nuevos estándares.

El Kanaria #1 (SF1) es el primer NFT Modular en la esfera global. Lanzado en 2021 como el pionero de la serie Kanaria, el SF1 desempeñó un papel crucial en la financiación colectiva del Proyecto NFT Modular de RMRK. La serie comprende un total de 8478 aves Kanaria, cada una poseyendo rareza decreciente y acompañada de sus propios sub-NFT, completamente equipables y portátiles.

La singularidad de estos NFT **radica en su capacidad pionera para contener y utilizar otros NFT de manera totalmente descentralizada,** evidenciando la viabilidad de estructuras de datos interdependientes en la cadena.

Este avance allana el camino para escenarios innovadores como bienes raíces, colaboración musical, identidad, reputación, venta de boletos para eventos, arte avanzado y más.

SF1 destaca como el primer NFT multiactivo a nivel mundial, o "multi-multimedia", al albergar diferentes tipos de medios simultáneamente. Este hito permite al propietario cargar su preferencia en varias interfaces de usuario y mercados. Por ejemplo, un NFT de libro electrónico podría contener tanto un archivo de audio como un archivo PDF, y según la plataforma de carga, se despliega automáticamente el archivo correspondiente, ya sea en Kindle o Spotify.

2.3.4.1 Los NFTs modulares

El primer acierto de RMRK, es definir los NFT Modulares, es decir semejantes a bloques de construcción digitales que pueden ensamblarse e interconectarse para formar estructuras más complejas y funcionales. Al igual que las piezas de Lego, estos módulos NFT se utilizan para crear experiencias digitales, aplicaciones y ecosistemas únicos. En esta definición se observan características clave de los NFT modulares:

Interoperabilidad

Una de las ventajas más significativas radica en su interoperabilidad. Estos bloques pueden interactuar sin problemas entre sí, abriendo un abanico de posibilidades para combinarlos y utilizarlos en diversas aplicaciones y plataformas.

Extensibilidad

La naturaleza modular de estos estándares los hace altamente adaptables y extensibles. Los creadores y desarrolladores tienen la capacidad de agregar nuevas características o funcionalidades a sus NFT, personalizándolos para satisfacer sus necesidades específicas.

Potencial Colaborativo

Los NFT modulares fomentan la colaboración entre artistas, desarrolladores y creadores. Este enfoque permite desatar la creatividad colectiva para la creación de proyectos colaborativos con funcionalidades únicas y dinámicas.

Y así en un breve lapso, RMRK propuso este enfoque innovador, NFT como legos, es decir, la creación de diversas piezas que pueden ensamblarse para originar algo nuevo y único. Su trabajo también consideró la creación de nuevos estándares.

ERC 5773 **ERC 7401** **ERC 6220**

Multi activos   **N estable**   **Composable**

En ese momento RMRK también desarrolló un token, llamado con el mismo nombre RMRK, generando una cantidad de 10 millones, sin inflación, de los cuales el 89% fué distribuido a los compradores iniciales del proyecto "Kanarias", que será descrito más adelante en el capítulo de casos de uso. El 5% de los tokens se bloqueó para acceso del equipo luego de dos años y el resto del suministro está en manos de la comunidad.

2.3.4.2 ERC5773, los multiactivos.

El primero de los estándares propuesto porRMRK y que ha sido propuesto para estándar en Ethereum, busca generar un token de activos múltiples dependiendo del contexto.

Es una idea genial ya que el NFT tendrá diferentes formatos de salida dependiendo del contexto en que se consuma el NFT, es decir, significa que el activo se muestra en función de cómo se accede al token.

Por ejemplo, si el token se abre en un lector de libros electrónicos, se muestra el activo PDF, si el token se abre en el mercado, se muestra el activo PNG o SVG, si se accede al token desde un juego, se accede al activo necesario y, si el centro de IoT (Internet de las cosas) accede al token, se accede al activo que proporciona la información necesaria de direccionamiento y especificación.

Una NFT puede tener múltiples salidas, que pueden ser cualquier tipo de archivo que se entregará al consumidor y los ordena por prioridad.

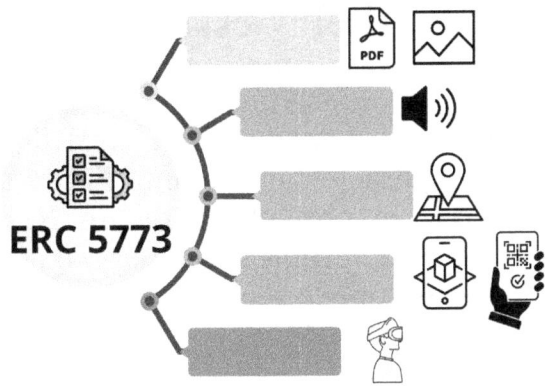

En resumen, la idea es que el NFT no es sólo una imagen o un PDF o una canción, el conjunto es el NFT.

A mi entender esto es algo notable y estamos observando el nacimiento de la "omnifuncionalidad" de un NFT, así que para mí este será el estándar del NFT omnifuncional.

Otro ejemplo a mencionar, puede ser este libro, algún día creado como un NFT con este estándar. Una forma de ver el NFT sería como un archivo de formato PDF para lectura en español; otra forma podría ser como un archivo de formato PDF para lectura en inglés; otra forma podría ser un audiolibro en formato mp3 y otra un formato de video. Simplemente genial.

2.3.4.3 ERC-7401 el N-estable

El segundo estándar propuesto por RMRK y que ha sido propuesto para estándar en Ethereum, está pensado para que el propietario de un NFT no sea siempre una cuenta de propiedad externa o un contrato inteligente, también puede ser otro NFT. Algo así como un NFT dentro de otro NFT.

El proceso de anidar un NFT en otro es funcionalmente idéntico a enviarlo a otro usuario, es decir, el proceso de enviar un token desde otro implica emitir una transacción desde la cuenta propietaria del token principal.

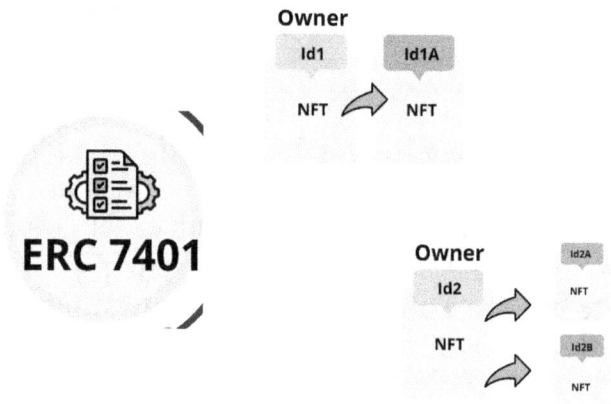

Entonces un NFT puede ser propiedad de otro NFT, y a su vez puede tener varias NFT de su propiedad.

Este lego proporciona el marco para las relaciones entre padres e hijos de los NFT.

Un token principal es aquel que posee otro token. Un token secundario es el token que pertenece a otro token.

Un token puede ser padre e hijo al mismo tiempo. Los tokens secundarios de un token determinado pueden ser administrados completamente por el propietario del token principal, pero cualquiera puede proponerlos.

En fin los NFT se pueden configurar con condiciones especiales para las relaciones entre padres e hijos, por ejemplo:

Algunos NFT principales permitirán al propietario de una NFT secundario retirar a ese niño en cualquier momento (por ejemplo, un terreno virtual que contiene un avatar, el dueño podría desprenderse sólo del avatar y venderlo).

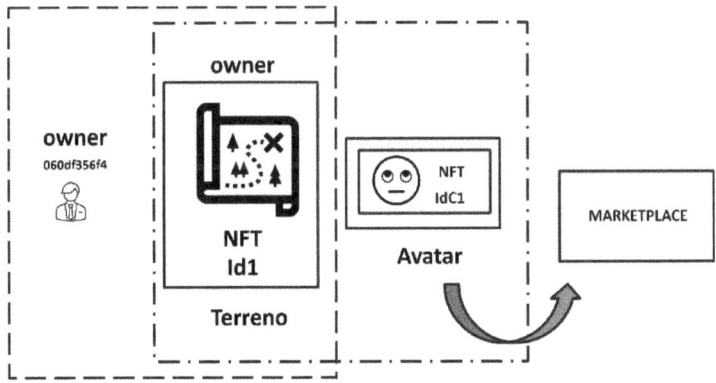

A algunos NFT principales se les prohibirá ejecutar ciertas interacciones con un niño (por ejemplo, el propietario de una casa en la que el avatar de otra persona es un invitado no debería poder QUEMAR al invitado... probablemente)

Algunas NFT principales tendrán condiciones de retiro especiales, como una NFT musical que acepta temas musicales. Los propietarios pueden eliminar las raíces hasta que un cierto número de co-compositores voten a favor de una raíz lo suficiente, o hasta que el propietario de la pista musical principal la selle y la "publique".

2.3.5 Extensiones con RMRK

Además de los estándares revisados anteriormente, RMRK propuso el concepto de "extensión", con el objeto de potenciar los NFT, así entrega dinamismo a los NTFs ya que puedes utilizar estas funcionalidades para crear nuevas experiencias.

De acuerdo con su web las extensiones disponibles son:

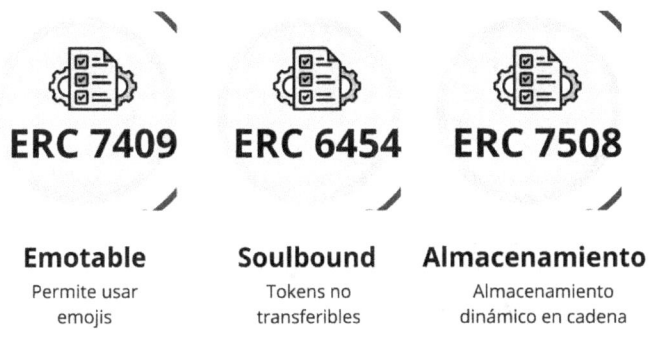

ERC 7409	**ERC 6454**	**ERC 7508**
Emotable	**Soulbound**	**Almacenamiento**
Permite usar emojis	Tokens no transferibles	Almacenamiento dinámico en cadena

Así y a partir de estas nuevas funcionalidades los NFT podrán tener más usos, quizás algunos de ellos ni siquiera imaginados hoy.

Compartiré algunos ejemplos.

2.3.5.1 ERC-7409 N- EMOTABLE

La primera extensión mencionada es la "emotable", que permite a los usuarios expresar su impresión sobre el NFT utilizando emojis, algo así como reaccionar a un NFT, con un dedo hacia arriba, un corazón, un dedo hacia abajo, etc...

Finalmente generan la posibilidad de interactuar con un NFT expresando un sentimiento.

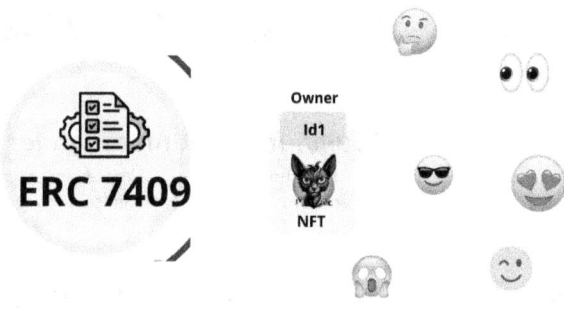

Hace ya un buen tiempo RMRK ha diseñado e implementado en ambiente de pruebas, un repositorio emotable de bien público, al que cualquiera puede acceder y utilizar. Se puede acceder al repositorio de gestos en la misma dirección en todas las redes en las que está implementado.

Imagino el día en que las comunidades expresen sus sentimientos con un emoticón sobre un NFT. No lo sé, pero quizás, alguna vez, veremos millones de dedos hacia arriba por un NFT que represente una campaña de beneficencia o millones de dedos hacia abajo en un NFT que represente una situación no deseada. Quizás veremos algún Meme NFT sobre una campaña de seguridad donde las personas puedan expresar sus sentimientos.

2.3.5.2 Intransferible. ERC 6454

La segunda extensión para describir es "Soulbound" que permite un diseño de tokens intransferibles, lo que puede ser de gran valor para algunas implementaciones.

ERC 6454

No son transferibles

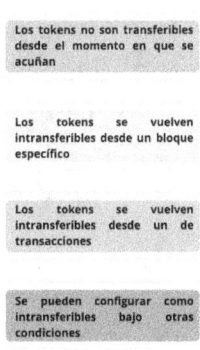

Los tokens no son transferibles desde el momento en que se acuñan

Los tokens se vuelven intransferibles desde un bloque específico

Los tokens se vuelven intransferibles desde un de transacciones

Se pueden configurar como intransferibles bajo otras condiciones

Por ejemplo imagina un certificado de conocimientos como un NFT, este sólo debe ser de quien ha sido certificado y no debería ser válido para otra persona; o una licencia de conducir como NFT, sólo debe ser válida para quienes pasaron los exámenes y han cumplido con los requisitos, por lo cual no debe ser transferible, y así como estos, podemos encontrar muchos ejemplos.

De acuerdo con la documentación en su web, MRK proporciona implementaciones para múltiples enfoques para hacer que un token sea intransferible:

Además, la implementación de Soulbound admite la limitación de la transferibilidad según la dirección de envío y recepción.

Esta innovación también ha sido propuesta a la Ethereum Foundation y en mi opinión puede ser importantísima en la implementación de los NFTs en el mundo real.

En lo personal tengo planeado utilizar esta funcionalidad para la entrega de certificados de un curso de DéFi que estoy preparando hoy mismo, porque me parece adecuada y además creo que será una funcionalidad muy utilizada en el futuro. Los certificados, los documentos notariales, los contratos privados y públicos, podría ser un NFT Soulbond.

Así que si te animas puedes ir pensando en casos de uso para este estándar. Yo por ejemplo el día de ayer he realizado el pago del "permiso de circulación" de mi automóvil, es el impuesto por utilizar las calles en mi país. Perfectamente podría ser un soulbound NFT y no un papel impreso.

2.3.5.3 Atributos, el ERC 7508

Finalmente, RMRK también ha propuesto la generación de atributos, permitiendo el almacenamiento dinámico en cadena de atributos de tokens en un repositorio de bien público.

Hoy mismo, al cierre de esta edición se encuentra en etapa de pruebas y la propuesta también ha sido realizada a la Ethereum Foundation.

Esta puede ser una funcionalidad genial, ya que prácticamente permitiría dar vida al NFT.

No imagino cuantos casos de uso veremos sobre esta funcionalidad en el futuro.

Así RMRK forma ya parte de la historia de los NFTs, de su creación y crecimiento.

2.4 NFTs. Características.

Si el lector ya ha llegado hasta acá, es que ha leído la documentación sobre los estándares, algo que puede resultar muy complejo de comprender para quienes no están familiarizados con los NFTs, sin embargo son los estándares los que permiten las "características" de los NFTs, un tema que resultará de una comprensión mucho más simple.

2.4.1 Características de los NFTs

En las páginas previas mencionamos algunas características de los NFTs y dado que algunos estándares generarán unas características y otros estándares, generarán otras, dependerá de que se desea implementar, qué características serán necesarias y cuál será el estándar adecuado.

A continuación entraremos en más detalle en algunas características describiendo algunos ejemplos.

2.4.2 C1. Unicidad.

Cada NFT es único y tiene información específica que lo distingue de otros tokens, esto permite que los NFT representen activos digitales únicos, como piezas de arte, objetos de colección, entradas digitales, etc.

Ejemplo1

Por ejemplo el NFT Monsta Partty #8042, es único en la cadena de bloques, Binance Smart Chain. Acá puedes ver la información del NFT.

Ejemplo2

Otro ejemplo, el "Avax Cookies #4178", es único en la colección Avax Cookies y en la cadena de bloques Avalanche. Acá puedes ver la información del NFT.

Ejemplo 3

Un tercer ejemplo, el "Arbird #1461", es único en la colección Arbitrum Birds, en la cadena de bloques Arbitrum. Acá puedes ver la información del NFT.

Ejemplo 4

Un cuarto ejemplo, es el "Astar Punk #100", es único en la colección Astar Punk, en la cadena de bloques Astar Network.

Encontrarás muchos ejemplos si miras uno de los Marketplaces, que se mencionan en capítulos posteriores.

Recordar que lo relevante de ésta característica es que si necesita un registro donde cada elemento sea único, puedes evaluar utilizar NFTs, por ejemplo el registro de licencias de conducir, el registro de bienes raíces, un registro de personas, etc...

2.4.3 C2. Indivisibilidad.

Los NFT no se pueden dividir en unidades más pequeñas como los tokens fungibles, o como el BTC o el ETH. Se utilizan como unidades enteras y si piensas en comercializarlos, se compran y venden como unidades completas.

Imagina cortar una obra en dos, esto no tiene sentido, no es posible.

2.4.4 C3. Propiedad

Los NFT se utilizan para certificar la propiedad y autenticidad de activos digitales y cada NFT está vinculado a un activo digital específico y contiene información sobre su historia y autenticidad en la cadena de bloques, entonces, cada NFT tendrá siempre un creador y un dueño.

El creador se identificará en un campo y será visible la adress propietaria del NFT, como también será visible la adress que ha generado el NFT en la red respectiva, el creador.

Miremos algunos ejemplos.

Ejemplo1

Por tomar un ejemplo al azar, analizaremos el NFT ID 3272, de la colección CyberKong, desplegado en la red

Ethereum, <u>acá la información disponible</u> en la blockchain.

Para buscar la información ha sido necesario utilizar una herramienta llamada "Etherscan" que facilita la lectura de los datos en una interfaz simple de leer.

Si observan a la derecha, encontrarán la adress "owner", es decir el dueño actual del NFT, más abajo el "Contrat Address", que es el que específica las características del NFT y la colección y más abajo el "creador", es decir el adress que ha creado este NFT.

También es posible ver información de propiedades y marketplaces.

Un poco más abajo encontrarán la información sobre las transacciones realizadas, se le llama "Item Activity", en este momento pueden ver cinco registros.

El primero será el más nuevo y el último el más antiguo, el MINT.

Si hacen un click sobre el hash, tendrán acceso a la información registrada en la cadena de bloques para cada transacción realizada.

Ejemplo2

Un segundo ejemplo con la colección Astarnaut, desplegada en Astar Network y comercializada en el Marketplace Bluez. Pueden observar en la imagen a la derecha el campo "Current owner", que muestra el adress propietaria del NFT.

Acá ya es necesario conocer un poco más de las herramientas que permiten conseguir información en las blockchains, los escáner.

Recuerda que lo relevante de ésta propiedad es su utilidad, puedes demostrar un registro de propiedad con un NFT. Claro va a depender de la legislación de cada lugar si este registro se acepta como válido o no, pero la tecnología lo permite ya.

Acá un video con el funcionamiento de EtherScan.

VIDEO

¿Qué es EtherScan?

2.4.5 C4. Interoperabilidad.

Los NFT se pueden transferir y utilizar en diferentes aplicaciones y plataformas, siempre que sigan el estándar adecuado. Por ejemplo, los NFT creados en la cadena de bloques Ethereum pueden ser utilizados en múltiples aplicaciones y mercados que sean compatibles con ERC-721 o ERC-1155.

Por ejemplo si posees un NFT ERC-721, podrás ponerlo a la venta en diferentes Marketplace que soporten la cadena y el estándar. TofuNFT, OpenSea, entre otros, pueden ser ejemplos. En los siguientes capítulos me referiré a los Marketplace.

Los equipos hoy mismo trabajan en que los NFT sean interoperables entre cadenas, es decir que sea posible por ejemplo trasladar un NFT desde la cadena Ethereum a la Binance Smart Chain.

Esta es una propiedad importante que se debe tener en cuenta. El NFT será interoperabilidad en aquellas aplicaciones que son parte de la misma blockchain y en algunos casos del mismo ecosistema.

2.4.6 C5. Inmutabilidad.

Una vez que se crea un NFT, su información y características son inmutables ya registradas en una cadena de bloques pública, lo que garantiza la integridad y autenticidad del activo digital.

La inmutabilidad es un concepto fundamental en el contexto de las cadenas de bloques (blockchains) y se refiere a la característica de que una vez que se ha registrado y confirmado una transacción o información en una cadena de bloques, esta no puede ser modificada ni eliminada. En otras palabras, los datos registrados en la cadena de bloques son permanentes y no pueden ser alterados, lo que garantiza la integridad y la confiabilidad de la información almacenada en ella.

La inmutabilidad se logra mediante el registro de datos en bloques que están vinculados entre sí de manera secuencial. Cada bloque contiene un conjunto de transacciones o datos y un resumen criptográfico (hash) del bloque anterior. Esto crea una cadena de bloques inmutable en la que cualquier modificación en un bloque afectaría todos los bloques posteriores, lo que resulta en la invalidación de la cadena.

Las cadenas de bloques utilizan algoritmos de consenso, como Prueba de Trabajo (Proof of Work) o Prueba de Participación (Proof of Stake), para garantizar que los nuevos bloques solo se agreguen a la cadena después de un proceso de validación que confirma la integridad de las transacciones. Una vez que se ha llegado a un consenso, el bloque se considera inmutable y se agrega a la cadena.

Una vez que una transacción se ha incluido en un bloque y ese bloque se ha confirmado en la cadena, la transacción se considera irreversible. No se puede deshacer ni modificar. Esto es importante en aplicaciones financieras y de registro, ya que garantiza la seguridad y la confiabilidad de las transacciones.

La inmutabilidad es fundamental para la seguridad y la confianza en las cadenas de bloques. Asegura que la información almacenada en la cadena sea resistente a la manipulación y proporcione un registro confiable de eventos y transacciones.

La inmutabilidad es una característica crítica en las cadenas de bloques públicas y privadas y se utiliza en una variedad de aplicaciones, desde criptomonedas hasta registros de propiedad, seguimiento de activos, voto electrónico y más. La capacidad de verificar la integridad de los datos sin depender de una entidad central de confianza es una de las ventajas clave de la tecnología blockchain.

2.4.7 C6. Oferta limitada

Los NFT permiten a los desarrolladores establecer reglas específicas para la emisión y la disponibilidad de un activo digital. Esto puede incluir la creación de activos digitales limitados en cantidad, lo que los hace más escasos y valiosos.

Cuando defines una colección de NFT uno de los campos a completar es la cantidad de elementos de la colección, es decir cuántos NFT componen una colección, por lo mismo la oferta siempre será limitada.

Veamos un par de ejemplos.

Ejemplo 1, Saurus Crew

Puedes hacer click en el enlace del ejemplo que te llevará a la interfaz del Marketplace Singular, que alberga colecciones con la tecnología de MRK, quizás la más innovadora y avanzada en este momento. El ejemplo muestra la colección "Saurus Crew", una edición limitada a 500 NFT desplegados en Astar Network.

Ejemplo 2, <u>Bored Ape Yacht Club</u>

Puedes hacer click en el vínculo del ejemplo que te llevará a la interfaz del Marketplace OpenSea, que alberga muchas colecciones, en el ejemplo se aprecia el popular mono mutante de la colección Bored Ape.

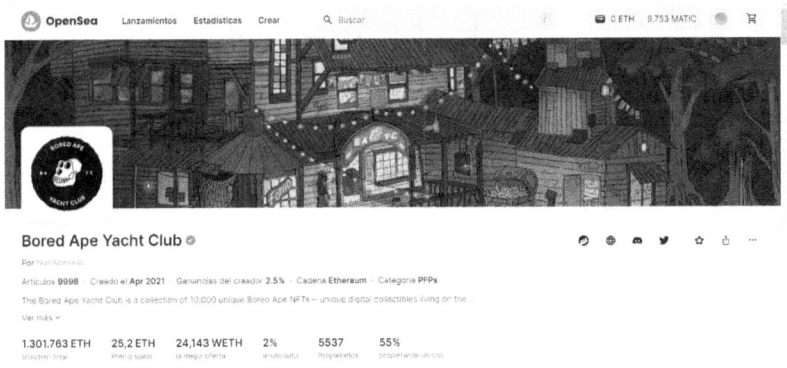

Si observas la figura verás que son 9.998 NTFs, creados en abril del 2021.

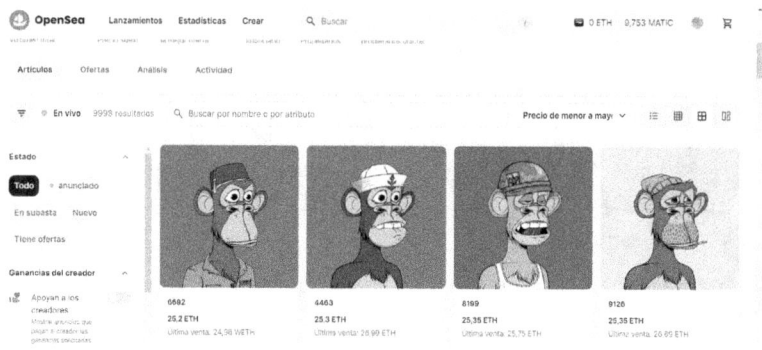

Lo importante acá son las innumerables aplicaciones de esta propiedad. Piensa por ejemplo en la clase del curso del 2024, si generas un NFT para cada uno de los participantes, es posible configurar que no existan más que los definidos. Piensa en una colección única de joyas, o en un premio por los mejores de una actividad de cada año; en los lugares obtenidos en una competencia deportiva, en fin...muchos casos de uso.

2.4.8 C7. Programables.

Los NFT programables son una evolución de los NFT tradicionales que permiten una mayor flexibilidad y funcionalidad en la gestión y utilización de estos activos digitales únicos. Mientras que los NFT tradicionales representan activos digitales únicos, como obras de arte o coleccionables, los NFT programables pueden contener código que permite una variedad de interacciones y comportamientos automatizados.

Los NFT programables pueden contener scripts o código que determinan cómo se comportan en ciertas situaciones. Por ejemplo, un NFT programable podría activar acciones específicas cuando se cumple una condición particular, como otorgar acceso a contenido exclusivo o habilitar una función especial en un videojuego.

Los NFT programables pueden interactuar con otros NFT o con elementos de juegos, aplicaciones y plataformas. Esto permite la creación de juegos y experiencias en línea más dinámicas y ricas.

Con NTFs programables, es posible realizar actualizaciones y mejoras en el activo digital sin necesidad de emitir un nuevo NFT. Esto es útil en juegos y aplicaciones que evolucionan con el tiempo.

Los NFT programables se utilizan en diversas aplicaciones, como juegos en línea, coleccionables digitales, arte interactivo, metaversos y más. Por ejemplo, los NFT programables se han utilizado para representar activos en juegos blockchain como CryptoKitties, donde los gatos virtuales pueden tener características y comportamientos únicos.

La programación de NFT programables se basa en contratos inteligentes, que son fragmentos de código ejecutables en una cadena de bloques. Estos contratos determinan cómo se comporta el NFT y qué acciones se pueden llevar a cabo con él.

Los NFT programables permiten la automatización de ciertas acciones. Por ejemplo, un NFT programable podría otorgar automáticamente una recompensa a su propietario cuando se alcanza un logro en un juego.

Un ejemplo que me parece interesante de un NFT que ha sido programado es el NFT de Poesía POEM.

POEM es un NFT que tokeniza un libro de poesía escrito por el señor Jorge Dot, poeta Español.

POEM ha sido programado para que cada vez que se haga el mint de un token, el siguiente sea más costoso que el anterior.

Sólo se han definido 250 tokens que pueden ser comprados únicamente en el sitio poesía.io, que utiliza la tecnología de pancakeswap y se despliega en la Binance Smart Chain.

Mencionaremos otros ejemplos de NTFs programables en el capítulo de casos de uso.

2.4.9 C8. Trazabilidad.

La información de los NFT se encuentra en una cadena de bloques pública, lo que facilita la verificación de la autenticidad y propiedad del activo digital. Cualquier persona puede rastrear la historia de un NFT y comprobar su legitimidad.

Es decir, al estar registrado en una blockchain, toda la información transaccional de un NFT está disponible lo que entrega la propiedad de "trazabilidad", es decir, es posible seguir la traza de un NTFs, desde el MINT, identificando cada una de las transacciones, ya sean compras, ventas, transferencias y las adress que han participado en este camino.

Veamos un par de ejemplos.

Ejemplo 1, <u>Astar Punks #6791</u>

Puedes hacer click en el vínculo del ejemplo que te llevará a la interfaz del Marketplace TofuNFT, donde apreciarás el NFT 6791, y podrás ver la actividad del mismo, ventas, transferencias, listado, precios, como se puede observar en la imagen más abajo.

Es realmente grandioso que toda la información de actividad del token queda registrada en la blockchain, en este caso de Astar Network y que un Marketplace como TofuNFT, puede disponer al usuario en una interfaz amigable.

También es posible revisar esta información, es decir la trazabilidad del token desde un explorador, así para este mismo ejemplo, podemos utilizar el explorador "subscan" y verificar la información acá mismo que se ve así,

Ejemplo 2, APE #929

Puedes hacer click en el vínculo del ejemplo que te llevará a la interfaz del Marketplace TofuNFT, donde apreciarás el NFT 929, de la colección GLMR JUNGLE

y podrás ver la actividad del mismo, ventas, transferencias, listado, precios, como se puede observar en la imagen más abajo.

También es posible revisar esta información, es decir la trazabilidad del token desde un explorador, así para este mismo ejemplo, podemos utilizar el explorador "subscan" y verificar la información acá mismo que se ve así,

Hash	From		To	Token ID	Time
0x13bc...5d6045	0x042b...Cd3d60	→	0xA7b5...2E0bad	929	17 days 10 hrs ago
0x1800...d24166	0x0De4...461783	→	0x042b...Cd3d50	929	18 days 4 hrs ago
0x86fc...42fucc	0x042b...Cd3d50	→	0x0De4...461783	929	540 days 2 hrs ago
0x1df1c...da4c0f	0x0061...030320	→	0x042b...Cd3d60	929	559 days 17 hrs ago

Finalmente mencionar que dado que este tema sigue en evolución muy pronto conoceremos nuevas características en los NFTs.

Capítulo 3.

3. Smart Contracts.

Todo esto parece mágico, pero ¿cómo funciona la magia?

La respuesta es "el código", ya que, todo está codificado, es decir programas informáticos que definen en lenguaje especializado que es lo que deben hacer las máquinas, bajo determinadas condiciones.

La idea fue propuesta en la década de los 90 por el gran Nick Szabo, un pionero que los definió como *un conjunto de promesas virtuales asociados a protocolos que hacen que se cumplan.*

Entonces, un "smart contract" (contrato inteligente) de NFT es un programa informático que se ejecuta en una cadena de bloques y está diseñado específicamente para gestionar la creación, la propiedad, la transferencia y otros aspectos relacionados con los NFT.

Los smart contracts de NFT son responsables de establecer las reglas y condiciones que rigen un NFT específico o una colección de NFT y pueden llevar a cabo varias funciones clave, que incluyen:

3.1 Funciones clave

Creación de NFT

Un smart contract puede definir los parámetros para crear un nuevo NFT, incluyendo su título, descripción, propietario inicial y otros metadatos relevantes.

Transferencia de NFT

Establece las reglas para transferir la propiedad de un NFT de un titular a otro. Esto puede incluir la validación de la identidad del propietario y la actualización de los registros de propiedad en la cadena de bloques.

Gestión de licencias y derechos de autor

Algunos smart contracts de NFT podrían incluir cláusulas que especifican las licencias y los derechos de autor asociados con el contenido del NFT. Por ejemplo, pueden indicar si un NFT de arte se vende con derechos de autor o con licencia de uso específica.

Control de royalties

Pueden establecer reglas para distribuir regalías a los creadores o propietarios originales cuando se revende un NFT en el mercado secundario. Esto permite a los creadores recibir ingresos cada vez que su obra se revende.

Verificación de autenticidad

Algunos smart contracts pueden contener mecanismos para verificar la autenticidad de un NFT o el contenido que representa. Esto es particularmente útil para NFT que representan arte, coleccionables o activos digitales únicos.

Funcionalidad específica

Dependiendo de la plataforma de NFT o del proyecto en cuestión, los smart contracts pueden incluir funcionalidades adicionales, como votación comunitaria, actualizaciones automáticas de contenido o acceso condicional.

Es importante destacar además que los smart contracts de NFT son fundamentales para la confiabilidad y la transparencia del mercado de NFT. Los compradores pueden confiar en que las reglas y las condiciones predefinidas en el smart contract se cumplirán automáticamente, sin necesidad de intermediarios. Además, la ejecución en una cadena de bloques garantiza la inmutabilidad de los registros y la transparencia de las transacciones.

Cada proyecto de NFT puede tener su propio conjunto de smart contracts con funcionalidades y características específicas, lo que permite una amplia variedad de casos de uso en el espacio de los NFT.

La Esencia de la Autenticidad

El "por qué" de los Smart Contracts de NFT es simple pero profundo: garantizar la autenticidad y singularidad de un activo digital. Estos contratos son programas informáticos que se ejecutan en la cadena de bloques y contienen toda la información necesaria para determinar la propiedad y las características únicas de un NFT. Los Smart Contracts son el "cómo" detrás de la creación y transferencia de NFT, y su ejecución automática garantiza que los NFT sean verdaderamente únicos y auténticos.

La Anatomía de un Smart Contract

Los Smart Contracts constan de reglas lógicas y algoritmos que definen cómo se crea, se transfiere y gestiona un NFT. Contienen información como los detalles del creador, el propietario actual, las reglas de transferencia y cualquier información adicional que haga que el NFT sea único. La cadena de bloques garantiza que estos contratos sean inmutables y transparentes, lo que significa que no pueden ser alterados ni manipulados de ninguna manera.

El Futuro de los NFT con Smart Contracts

A medida que los NFT continúan su evolución, los Smart Contracts también avanzan con ellos. La interoperabilidad entre cadenas de bloques y la expansión de funcionalidades se están convirtiendo en áreas de enfoque. Los Smart Contracts también están permitiendo la creación de NFT "inteligentes", que pueden interactuar con otros contratos o realizar acciones específicas en respuesta a ciertas condiciones.

El Empoderamiento del Usuario

El conocimiento de cómo funcionan los Smart Contracts de NFT es esencial para los usuarios que desean comprender y aprovechar al máximo estos activos digitales. Comprender la tecnología detrás de los NFT y sus contratos inteligentes te empodera como propietario y coleccionista.

Y, cómo se ve un "Smart contract"?.

Cómo código. Sigue el canal GreenBoard Defi y encontrarás lo que buscas.

Capítulo 4.

4. Utilidad real - casos de uso.

En este capítulo, profundizaremos en aplicaciones prácticas y casos de uso que van más allá de la mera colección y especulación. Descubriremos cómo los NFT están transformando diversas industrias y abriendo nuevas puertas hacia un futuro digital más rico y diverso. Querido lector, espero que este capítulo sirva para conocer lo que hoy mismo ya se está construyendo y además inspire a nuevos constructores a desarrollar ideas de NFT útiles a la sociedad.

Arte y Creatividad en el Mundo Digital

Más allá de su valor como activos coleccionables, los NFT han desatado una revolución en el mundo del arte y la creatividad. Algunos artistas han encontrado en los NFT una forma de monetizar su trabajo y llegar a nuevas audiencias. Las subastas de NFT han alcanzado cifras astronómicas, lo que demuestra que la autenticidad digital es una cualidad valiosa en el mundo del arte.

Propiedades Virtuales y Videojuegos

En el ámbito de los videojuegos y las propiedades virtuales, los NFT están transformando la forma en que los jugadores poseen y comercian objetos dentro de los juegos. Los NFT permiten la propiedad genuina de objetos virtuales, lo que brinda a los jugadores la capacidad de traspasar sus activos de un juego a otro o incluso venderlos en el mercado abierto.

Bienes Raíces Digitales

Los NFT también están siendo utilizados para representar la propiedad de bienes raíces virtuales, desde terrenos en mundos virtuales hasta propiedades en juegos. Esto tiene el potencial de revolucionar la forma en que comprendemos y gestionamos la propiedad en línea.

Identidad y Certificados Digitales

Los NFT podrán ser utilizados para representar certificados de autenticidad, identidad digital y otras. Esto puede ayudar a prevenir el fraude y garantizar la autenticidad de documentos y credenciales en línea.

Explorando Nuevos Horizontes

La utilidad de los NFT es sólo limitada por nuestra imaginación y creatividad. A medida que la tecnología y las aplicaciones continúan desarrollándose, es emocionante pensar en los nuevos horizontes que se abrirán para estos activos digitales únicos.

Este punto es clave, si imaginas nuevos casos de uso, puedes acercarte a la comunidad y conectar para trabajar tu idea. La comunidad de Polkadot es fantástica y si buscas bien, encontrarás apoyo.

Acá un resumen de los casos que revisaremos a continuación.

El mundo del arte

La moda

Gaming

Metaversos

El Cine

Deportes

Tickets

Una Editorial de libros

Marketing

Negocios en la web3

Conectando mundo físico

Casos con IA

Educación

4.1 Artistas y coleccionistas

El primer caso de uso es para los artistas, los coleccionistas y los admiradores del arte, ya que los NFT han ganado relevancia en el mundo del arte y la colección digital debido a varias razones.

Aquí hay algunas de las razones clave por las cuales los NFT son importantes para artistas y coleccionistas:

4.1.1 Para Artistas

Tokenización de Obras de Arte:

Los NFT permiten a los artistas tokenizar sus obras de arte digital, lo que les brinda la capacidad de autenticar y certificar la propiedad de una obra específica. Artistas como el dibujante de la plaza de la ciudad, el fotógrafo del pueblo, el escultor de la comuna. No importa su edad, con el apoyo adecuado podrán tokenizar su obra y comercializar. Este libro va dirigido en parte a ellos. Espero que les sea de utilidad.

Control y Derechos de Autor:

Los contratos inteligentes asociados con los NFT pueden incluir reglas específicas que otorgan a los artistas un porcentaje de las ventas secundarias, lo que proporciona una forma continua de ingresos y control sobre el uso futuro de la obra.

Acceso Directo al Mercado:

Los artistas pueden llegar directamente a su audiencia sin intermediarios, como galerías de arte o agentes, lo que puede aumentar sus márgenes de ganancia y su visibilidad.

Transparencia y Rastreabilidad:

La tecnología blockchain proporciona un registro transparente y rastreable de la propiedad y la historia de las transacciones de una obra de arte, lo que puede ayudar a prevenir la falsificación y mejorar la confianza en el mercado del arte.

4.1.2 Para Coleccionistas:

Propiedad Digital Auténtica:

Los NFT permiten a los coleccionistas poseer de manera auténtica y única obras de arte digitales, lo que antes no era posible en el mundo digital.

Inversión Potencial:

Algunos coleccionistas ven los NFT como una forma de inversión, ya que el valor de las obras de arte digitales puede aumentar con el tiempo, especialmente si el artista gana reconocimiento o si las obras se vuelven más codiciadas. En mi opinión este es un nicho muy pequeño.

Facilidad de Transferencia:

La naturaleza digital de los NFT facilita la transferencia de la propiedad entre coleccionistas, sin la necesidad de procesos complejos o intermediarios.

Participación en la Comunidad:

Al comprar NFT, los coleccionistas a menudo se convierten en parte de una comunidad exclusiva y pueden participar en eventos o interacciones especiales con el artista.

Imagino que en algunos años habrá muchas comunidades en torno a un NFT, un certificado digital.

En resumen, los NFT han transformado la forma en que los artistas distribuyen y comercializan su trabajo, al tiempo que brindan a los coleccionistas nuevas oportunidades de adquirir y poseer activos digitales únicos. Sin embargo, es importante tener en cuenta que el mercado de NFT está en constante evolución y puede haber cambios en la percepción y la importancia a medida que la tecnología y la industria maduran.

4.1.3 Algunos ejemplos

En diferentes partes del mundo vemos como pintores, dibujantes y músicos, inmortalizan su obra en una cadena de bloques y en algunos casos encontramos transacciones de altas sumas de dinero.

Ejemplo1

Algunos de los NFTs más caros vendidos son *EVERYDAYS: THE FIRST 5000 DAYS*. La obra de arte, creada por el afamado artista digital Mike "Beeple" Winkelmann, se vendió por $69,3 millones de dólares en Christie's— la primera vez que la prestigiosa casa de subastas vende una obra de arte puramente digital.

El NFT representa un collage de 5,000 obras de arte anteriores de Beeple, reflejando su evolución como artista a lo largo de su carrera.

Ejemplo2

Un segundo ejemplo de NTFs costosos, han sido los CryptoPunks. Estos son un conjunto generado aleatoriamente de 10,000 caracteres digitales únicos, y son algunos de los primeros ejemplares de tokens no fungibles lanzados en la blockchain de Ethereum. Fueron desarrollados por Matt Hall y John Watkinson del estudio de juegos estadounidense Larva Labs.

Si bien en un inicio fueron lanzados de forma gratuita, algunos CryptoPunks con características particularmente raras han llegado a venderse por sumas significativas. En particular, CryptoPunk #7523, con un atributo de la máscara médica también le confiere una relevancia única en estos tiempos influenciados por el COVID, una de las razones por las que fue adquirido en la subasta "Natively Digital" de

Sotheby's por $11,8 millones de dólares por el mayor accionista de DraftKings, Shalom Mckenzie.

4.2 El mundo de la moda

Los NFT incursionan en el mundo de la moda, ofreciendo nuevas oportunidades y desafíos para diseñadores, marcas y consumidores y si te animas, podrías sumarte a este desafío e iniciar tu propio negocio de ropa asociado a un NFT. Acá hay algunas formas en las que los NFT están influyendo en la industria de la moda que te pueden inspirar:

Colecciones de moda NFT

Diseñadores y marcas de moda están creando colecciones de ropa y accesorios digitales que se venden como NFT. Estos NFT pueden representar artículos virtuales que los propietarios pueden usar en entornos virtuales, como juegos o mundos metaversos. Algunas marcas famosas han lanzado sus propias colecciones de moda NFT, como se menciona a continuación.

Autenticación y propiedad

Los NFT también se utilizan para autenticar y verificar la propiedad de productos físicos de moda de edición limitada.

Cada NFT puede estar vinculado a un artículo físico específico, lo que permite a los compradores rastrear su autenticidad y procedencia y esto puede ser útil en la lucha contra la falsificación en la industria de la moda.

Venta de derechos de autor y licencias

Los diseñadores podrían utilizar NFT para vender derechos de autor y licencias de uso de sus diseños y les permitiría ganar regalías cada vez que se utiliza o se vende su diseño en diferentes contextos.

Inversiones en moda

Algunos inversores y coleccionistas podrían comprar NFT de moda como una forma de inversión.

Moda en mundos virtuales

En entornos de juegos y mundos virtuales, los jugadores y usuarios pueden comprar y personalizar la apariencia de sus avatares con NFT de moda. Esto podría significar una demanda de ropa y accesorios digitales.

En resumen, los NFT han abierto nuevas oportunidades en la industria de la moda, pero también plantean desafíos y preguntas sobre su impacto a largo plazo en la forma en que diseñamos, compramos y consumimos moda.

Mencionar además las diferentes iniciativas entrando al mundo de los NFTs y luego a los metaversos, primero en el mundo de la moda, con ropa Adidas, zapatillas Nike, colecciones Gucci, Zara y Louis Vuitton.

4.2.1 Marcas

Encontrarás algunos artículos en la web donde se menciona que Nike ya ha realizado más de 67.500 transacciones con NFT, que han supuesto un volumen total de 1.306 millones de euros (1.300 millones de dólares).

También se menciona que marcas como Dolce & Gabbana han generado ingresos con ventas de NTFs. El tercer escalón del podio es para Tiffany.

En la lista aparece Gucci, con sus colecciones NFT y también Adidas.

Otras de las marcas que también aparecen en el listado de Dune Analytics son Budweiser, Bud Light, AO, Lacoste, Nickolodeon, McLaren y Pepsi Mic Drop.

Adidas, la famosa marca de ropa y calzado deportivo, ha anunciado su incursión en el metaverso, al igual que muchas otras empresas y marcas que están explorando oportunidades en el mundo digital y virtual. La decisión de Adidas de lanzar ropa en el metaverso refleja la creciente tendencia de las empresas en la búsqueda de nuevas formas de interactuar con sus clientes en entornos virtuales y digitales.

En el contexto del metaverso, las marcas como Adidas pueden ofrecer productos digitales, como ropa y accesorios virtuales, que los usuarios pueden comprar y usar en juegos, mundos virtuales, redes sociales y plataformas de realidad virtual. Estos artículos virtuales a menudo se venden como NFT, lo que permite a los usuarios poseer y comercializar estos activos digitales.

Esta estrategia puede tener varios objetivos, como participación de la comunidad, marketing o innovación.

Innovación y exploración

La industria de la moda se está adaptando a la convergencia de la moda física y digital. Las marcas están experimentando con nuevas formas de diseño, presentación y distribución de productos.

Es importante destacar que la moda en el metaverso es un fenómeno en crecimiento, pero también plantea cuestiones relacionadas con la autenticidad, la propiedad y la regulación de la propiedad intelectual. Además, la adopción de ropa virtual en el metaverso dependerá en última instancia de la aceptación y la demanda de los consumidores.

En cualquier caso, la incursión de Adidas en el metaverso es un ejemplo de cómo las marcas están explorando nuevas formas de interactuar con los consumidores en un mundo cada vez más digital y virtual. Acá un <u>vínculo a la web de adidas</u>.

Lo realmente importante, el verdadero valor está en el registro. Cuando las personas valoren el registro en una blockchain, entonces las prendas de vestir serán verdaderamente únicas.

4.3 Gaming

4.3.1 Los Juegos P2E

Hasta hoy, siempre para jugar debíamos pagar, es decir, comprar el juego, pero eso está cambiando con el concepto play-to-earn, o "P2E", en fin, el sueño de todo jugador, que te paguen por jugar.

"Play-to-Earn" (Jugar para Ganar) es un concepto que se refiere a un modelo de negocio en el mundo de los videojuegos y, en particular, en el ámbito de los juegos basados en blockchain y criptomonedas. En los juegos Play-to-Earn, los jugadores tienen la oportunidad de ganar criptomonedas u otros activos digitales dentro del juego a medida que juegan, y luego pueden convertir o intercambiar estos activos en el mundo real.

Algunos juegos Play-to-Earn se basan en tecnologías de blockchain, como Ethereum, Binance Smart Chain o Polkadot, que permiten la creación y gestión de activos digitales únicos y escasos, como NFT. Los jugadores pueden ganar estos NFT, que pueden representar personajes, elementos del juego o recursos virtuales, a través de su participación en el juego.

El concepto de Play-to-Earn ha ganado popularidad gracias a la idea de que los jugadores pueden ser recompensados por su tiempo y habilidad en los videojuegos, lo que les permite ganar dinero o activos digitales que pueden ser utilizados en otros juegos o intercambiados en mercados de criptomonedas. Esto puede proporcionar a los jugadores una forma de monetizar su experiencia y dedicación a los juegos, y algunos incluso han logrado generar ingresos significativos.

Algunos ejemplos de juegos Play-to-Earn incluyen "Axie Infinity", donde los jugadores crían, entrenan y combaten con criaturas llamadas "Axies" para ganar criptomonedas, y "The Sandbox", donde los jugadores pueden crear, diseñar y vender contenido dentro del juego.

Sin embargo, es importante destacar que el Play-to-Earn no está exento de desafíos, como la volatilidad de los precios de las criptomonedas y la posibilidad de que los juegos sean vistos como esquemas de inversión o apuestas en algunos países, lo que puede conllevar regulaciones y desafíos legales. Los jugadores interesados en participar en juegos Play-to-Earn deben investigar y comprender los riesgos y las recompensas asociados con este modelo.

También está Wanaka, donde tienes el papel de un feliz granjero que cultiva sus tierras, cultiva sus cosechas, cría sus mascotas y decora sus tierras virtuales con artículos del juego comprados en la WanaShop.

Por otro lado, está Evolution Land, un juego donde compras tierras, apóstoles y taladros y puedes explotar la tierra. Los recursos extraídos puedes venderlos, intercambiarlos o guardarlos en el Banco. El juego cuenta con un DEX (Exchange descentralizado) que es útil para el intercambio de recursos y también cuenta con la posibilidad de realizar farming. Evolution Land es gobernado por los jugadores que forman una DAO. (Organización autónoma descentralizada)

Durante el segundo semestre del año 2022 e inicio del 2023 nace "Skybreach", un juego P2E sobre la red Moonriver, parachain de Kusama Network, que consiste en comprar tierras digitales, explotar sus recursos, construir sobre ellas y posteriormente generar una relación con los vecinos que puede ser beneficiosa u hostil. Los NFTs de "Kanarias" son el activo más valioso junto con las tierras.

Bien, a continuación profundizaremos un poco en los P2E que conozco en el ecosistema Polkadot, el fabuloso "Evolution Land" y "Skybreak".

4.3.2 Evolution Land

Cuando conocí Evolution Land, también conocí a Dustin, un crack en este tipo de juegos. Me impresionó lo que lograba acumulando tierras y apóstoles. Luego conocí al gran Asturión, un buen amigo de Asturias con quien intentábamos aprender juntos a jugar.

Bien, Evolution Land es un emocionante juego que forma parte del ecosistema Darwinia. Este juego permite a los jugadores ganar recompensas a medida que avanzan en el juego. En Evolution Land, los jugadores pueden adquirir tierras virtuales y trabajarlas, lo que les permite cosechar recursos digitales valiosos.

Para comprar una tierra, puedes participar en una subasta y se quedará con ella, quien ofrezca la suma más alta. Una segunda forma de adquirir una tierra, es comprándola en el mercado secundario.

Si ya tienes la tierra debes comprar algunos apóstoles, son los personajes del juego que tienen propiedades y deben trabajar la tierra y finalmente debes comprar algunos taladros, para extraer los recursos de la tierra.

Estos recursos puedes acumularlos y luego venderlos en el mismo juego.

Además, pueden participar en desafíos y competiciones en línea para obtener aún más recompensas.

El juego se basa en la tecnología blockchain, lo que garantiza la propiedad y la autenticidad de los activos virtuales. Los jugadores pueden comprar, vender y comerciar con sus activos en el mercado, lo que les brinda la oportunidad de ganar dinero real a través de la economía virtual del juego.

En fin, el Play to Earn Evolution Land de Darwinia es un emocionante ejemplo de cómo los juegos en línea están evolucionando hacia modelos que recompensan a los jugadores por su participación activa y su creatividad en el mundo virtual. Este juego ofrece una experiencia de juego única que combina diversión y oportunidades financieras en el metaverso de Darwinia.

Si bien hoy mismo el juego cuenta con pocos usuarios, en algún minuto podría activarse nuevamente y ser una entretenida forma de aprender sobre NTFs. Sigue el canal GreenBoard DeFi y encontrarás vídeos sobre Evolución Land, que muestran cómo jugar, nada más debes tener en cuenta la cantidad de jugadores para una buena experiencia.

4.3.3 Skybreach

Un día cualquiera Asturion me escribe y me dice, *¿ya estás en Skybreak?, yo estoy aprendiendo y veo que es un juego genial.*

Así que me puse a estudiar el wiki del juego.

Skybreak es un emocionante proyecto dentro del ecosistema RMRC que combina elementos de juegos, arte y NTFs en un metaverso único. En Skybreak, los jugadores pueden explorar un mundo virtual expansivo y participar en aventuras, misiones y desafíos emocionantes. El juego se basa en la tecnología blockchain, lo que permite a los jugadores poseer y comerciar con activos digitales en forma de NTFs, desde armas y equipos hasta terrenos y objetos coleccionables.

Los jugadores pueden formar alianzas y trabajar en equipo para enfrentar desafíos más grandes en el mundo de Skybreak. Además, pueden personalizar sus personajes y propiedades virtuales, lo que agrega un componente artístico y creativo al juego.

Skybreak no sólo ofrece diversión y emoción a los jugadores, sino que también brinda la oportunidad de obtener recompensas en forma de tokens y NTFs valiosos a medida que avanzan en el juego. Este enfoque "play-to-earn" (jugar para ganar) está en consonancia con la tendencia actual de los juegos en línea que recompensan a los jugadores por su participación activa.

En resumen, Skybreach de MARK es un proyecto innovador que combina juegos, arte y NTFs en un emocionante metaverso donde los jugadores pueden explorar, competir y colaborar, al tiempo que tienen la oportunidad de obtener valiosas recompensas en el mundo digital.

4.3.4 Musme

Musme es un juego NFT creado en japón que consiste en una escuela para chicas que estudian inversiones y finanzas pero dado un colapso en la economía de las criptodivisas, la escuela se enfrenta a la amenaza de cierre.

La escuela debe hacer algo y ahí inicia el juego.

Los personajes están tokenizados como NFT y tienen nombres de cadenas de bloques, por ejemplo Ether, Rippia, Dozy, Oasys, Matic, Marblex, Gmtee, Dep, Astar, Musme, Mona y Bit. Mucha más información en su web.

También acá se muestra un video cuando se incorpora Astar al juego.

VIDEO

Musme

4.4 ¿Qué es el Metaverso?

Metaverso es un término que se utiliza para describir un espacio virtual, un mundo digital o una realidad alternativa que existe paralelamente al mundo real. En un metaverso, las personas pueden interactuar entre sí y con el entorno virtual, a menudo a través de avatares o representaciones digitales de sí mismos. Los metaversos son generalmente impulsados por tecnologías digitales avanzadas, como la realidad virtual (RV), la realidad aumentada (RA) y la inteligencia artificial (IA).

Entonces podemos mencionar algunas características clave de un metaverso:

Interacción social

En un metaverso, los usuarios pueden interactuar con otros usuarios en tiempo real, lo que permite la comunicación, la colaboración y la socialización.

Economía digital

Muchos metaversos tienen economías digitales, lo que significa que los usuarios pueden comprar, vender e intercambiar bienes y servicios virtuales. Esto puede incluir activos digitales como propiedades virtuales, ropa para avatares y otros elementos.

Creación de contenido

Los usuarios pueden crear y personalizar su propio contenido en el metaverso, como edificios, objetos, ropa para avatares, obras de arte y más.

Múltiples plataformas

Los metaversos pueden ser accesibles a través de múltiples plataformas, como computadoras, dispositivos móviles, gafas de realidad virtual y otros dispositivos.

Persistencia

Los metaversos suelen ser persistentes, lo que significa que el entorno virtual continúa existiendo y evolucionando incluso cuando los usuarios no están en línea.

4.4.1 Metaversos centralizados y descentralizados

Los Metaversos pueden ser del tipo centralizado o no y la diferencia clave radica en la forma en que están estructurados, gestionados y quién tiene el control sobre las experiencias y activos en ese entorno virtual. Aquí hay una explicación de ambas categorías, junto con ejemplos.

Metaverso Centralizado:

En un metaverso centralizado, una entidad o empresa tiene un alto grado de control sobre la plataforma, las reglas, la economía virtual y la gobernanza. Esta entidad toma decisiones clave sobre el desarrollo y la gestión del metaverso.

Los activos digitales, como terrenos virtuales, objetos y moneda virtual, suelen estar bajo el control de la empresa que opera el metaverso. Los usuarios pueden poseer y usar estos activos, pero están limitados por las reglas establecidas por la entidad central.

Ejemplo: Second Life

Second Life es un ejemplo de un metaverso centralizado donde Linden Lab, la empresa detrás de la plataforma controla gran parte de la economía y la gobernanza del mundo virtual.

Metaverso Descentralizado:

En un metaverso descentralizado, la toma de decisiones clave se comparte con la comunidad de usuarios a través de protocolos de consenso y votaciones. Las decisiones importantes se toman de manera más democrática.

Los activos digitales, como terrenos virtuales y objetos, a menudo se representan como NFT en una cadena de bloques, lo que otorga a los usuarios un mayor grado de propiedad y control. Pueden comprar, vender e intercambiar activos de manera autónoma.

Por ejemplo, Decentraland es un metaverso descentralizado donde los usuarios tienen propiedad de terrenos virtuales en forma de NFT y pueden crear experiencias, interactuar socialmente y participar en la gobernanza de la plataforma a través de propuestas y votaciones.

Así, un metaverso descentralizado en una blockchain se refiere a un entorno virtual en línea donde los activos digitales y las interacciones están respaldados y gestionados mediante tecnología blockchain y se rigen por principios de descentralización. Esto implica que las reglas, la propiedad y la gobernanza del metaverso se basan en contratos inteligentes y consenso en una cadena de bloques, en lugar de depender de una entidad centralizada.

Entinces, los activos digitales en el metaverso, como terrenos virtuales, bienes raíces, objetos en juegos, arte digital y otros elementos, se representan mediante NFT (Tokens No Fungibles) u otros tokens en una blockchain. Esto significa que los usuarios tienen la propiedad y el control de sus activos digitales, y pueden transferirlos o venderlos de manera autónoma.

Las interacciones dentro del metaverso, como la compra, venta, intercambio o uso de activos, se registran en la blockchain de forma transparente y segura. Esto garantiza la trazabilidad y la autenticidad de todas las transacciones.

Los contratos inteligentes en la blockchain pueden definir las reglas y las condiciones para las interacciones en el metaverso. La gobernanza y las decisiones importantes pueden basarse en votaciones descentralizadas y protocolos de consenso.

Un metaverso descentralizado puede ser compatible con otras cadenas de bloques o ecosistemas, lo que permite la interoperabilidad con otros metaversos y aplicaciones descentralizadas.

Los usuarios pueden participar en economías virtuales dentro del metaverso, donde pueden ganar, gastar y comerciar con activos digitales. Algunos activos virtuales también pueden tener valor en el mundo real, lo que permite la integración con la economía tradicional.

Los desarrolladores pueden crear contenido y aplicaciones dentro del metaverso, desde juegos hasta experiencias educativas o de entretenimiento. Estas aplicaciones pueden integrarse con la blockchain y aprovechar la infraestructura descentralizada.

Así la tecnología blockchain proporciona un alto nivel de seguridad y protección de datos. Los usuarios pueden mantener un mayor control sobre su información personal y sus activos digitales.

En resumen, un metaverso descentralizado en una blockchain combina elementos de interacción virtual con la infraestructura y los principios de descentralización de las criptomonedas y la tecnología blockchain. Esto permite una mayor autonomía y propiedad de los usuarios en un entorno digital compartido. Los metaversos descentralizados son un área de desarrollo creciente en la convergencia de la tecnología blockchain y la realidad virtual en línea.

4.4.2 Decentreland, los pioneros.

Decentraland es un metaverso virtual descentralizado construido sobre la tecnología blockchain, específicamente en la cadena de bloques Ethereum. En Decentraland, los usuarios pueden explorar un mundo virtual en 3D, interactuar con otros participantes y crear y monetizar contenido digital y experiencias. Este proyecto se basa en los principios de la descentralización y la propiedad de activos digitales en forma de tierras virtuales respaldadas por tokens no fungibles (NFT). Algunos aspectos clave de Decentraland son:

Propiedad de tierras virtuales:

En Decentreland los usuarios pueden comprar, vender y poseer parcelas de tierra virtual, que están representadas como NFT. Cada parcela tiene coordenadas específicas en el mapa y puede ser utilizada para crear experiencias, construir estructuras y alojar contenido digital.

Construcción y desarrollo:

Los usuarios pueden diseñar y desarrollar sus tierras virtuales, lo que incluye la construcción de edificios, la creación de juegos, la exhibición de arte, la organización de eventos y mucho más. Decentralised proporciona herramientas de construcción y desarrollo para facilitar la creación de contenido en el metaverso.

Interacción social y eventos:

Los usuarios pueden interactuar con otros participantes en tiempo real, lo que incluye chat, visitas a las tierras de otros usuarios y la participación en eventos y actividades comunitarias. Decentralised es un espacio social y de entretenimiento en línea.

Economía virtual:

Decentrelandtiene su propia economía virtual basada en su criptomoneda nativa, el MANA. Los usuarios pueden ganar MANA participando en el metaverso y gastarlo en la compra de tierras y otros activos virtuales.

Descentralización y gobernanza:

La plataforma está diseñada para ser descentralizada, lo que significa que las decisiones clave sobre el desarrollo y la gobernanza de Decentralised son tomadas por la comunidad de usuarios a través de propuestas y votaciones basadas en MANA.

Tokens no fungibles (NFT):

Cada parcela de tierra en Decentreland se representa como un NFT único en la cadena de bloques Ethereum. Esto otorga a los usuarios la propiedad exclusiva de su tierra y la capacidad de transferirla o venderla en mercados de NFT.

Eventos y mercado:

Decentreland alberga eventos y exposiciones, y también tiene un mercado en el que los usuarios pueden comprar y vender activos digitales, arte digital, wearables y otros NFT.

Decentreland es uno de los proyectos más destacados que combina elementos de blockchain, NFT y metaversos, permitiendo a los usuarios crear y experimentar en un mundo virtual donde tienen control y propiedad sobre sus activos digitales. El proyecto es un ejemplo de cómo la tecnología blockchain se está utilizando para crear nuevas formas de interacción social y económica en línea.

4.4.3 The SandBox

The Sandbox es un metaverso virtual en línea y una plataforma de creación de juegos que permite a los usuarios crear, compartir y monetizar sus propios mundos y experiencias digitales. Se basa en tecnología blockchain y utiliza NFT para representar activos digitales, como terrenos, personajes, objetos y otros elementos en el metaverso. Algunas características clave de The Sandbox:

Creación y construcción

Los usuarios pueden crear sus propios mundos y experiencias virtuales utilizando una herramienta de creación en 3D que no requiere habilidades de programación. Pueden diseñar terrenos, edificios, juegos y escenarios interactivos.
Propiedad de activos digitales

Los activos digitales en The Sandbox, como terrenos, personajes y objetos, se representan como NFT. Los usuarios pueden poseer, comprar, vender e intercambiar estos activos en el mercado de NFT de The Sandbox.

Economía virtual y monetización

Los creadores pueden monetizar sus creaciones en The Sandbox al vender o alquilar terrenos virtuales, objetos y experiencias. Los usuarios pueden ganar tokens SAND, la criptomoneda nativa de The Sandbox, participando en el metaverso.

Interacciones sociales y multijugador

Los usuarios pueden interactuar con otros participantes en tiempo real, explorar los mundos creados por otros y colaborar en proyectos comunitarios.

Tokens de utilidad

Además de SAND, The Sandbox utiliza tokens de utilidad para respaldar la economía del metaverso. Estos tokens se utilizan para realizar compras y transacciones dentro del metaverso.

Programación y lógica basada en bloques

Los usuarios pueden agregar lógica y programación a sus experiencias en The Sandbox utilizando un sistema de programación basado en bloques, lo que facilita la creación de juegos y escenarios interactivos.

Eventos y competencias

The Sandbox organiza eventos y competencias que permiten a los creadores mostrar sus creaciones y ganar recompensas.
Gobernanza descentralizada

La plataforma está diseñada para ser gobernada por la comunidad de usuarios a través de propuestas y votaciones.

The Sandbox es un ejemplo de cómo la tecnología blockchain y los NFT están siendo utilizados para crear metaversos y plataformas de creación de contenido digital en línea. Permite a los usuarios tener control y propiedad de sus activos digitales, así como la oportunidad de generar ingresos a través de la creación y la participación en la economía virtual del metaverso.

4.4.4 Crypto Voxels

Cryptovoxels es un metaverso virtual basado en blockchain que combina elementos de mundos virtuales, juegos, arte y propiedad de terrenos digitales. Se ejecuta en la cadena de bloques Ethereum y utiliza la tecnología blockchain para representar activos digitales y terrenos virtuales en forma de NFT. Aquí tienes algunas características clave de Crypto Voxels:

Terrenos virtuales

Cryptovoxels se compone de una serie de parcelas de tierra virtuales, cada una de las cuales está representada como un NFT. Los usuarios pueden comprar, vender o personalizar estos terrenos.

Construcción y creación

Los propietarios de terrenos pueden construir estructuras, edificios y escenarios en sus parcelas utilizando una herramienta de creación en 3D. Esto permite la creación de experiencias y entornos únicos en el metaverso.

Arte y galerías virtuales

Cryptovoxels es conocido por albergar galerías de arte digitales y exposiciones virtuales. Los usuarios pueden mostrar su arte digital y crear experiencias artísticas interactivas en sus terrenos.

Interacción social

Los usuarios pueden explorar Crypto Voxels, interactuar con otros participantes, chatear y visitar terrenos de otros propietarios. Esto crea un ambiente social en línea donde los usuarios pueden compartir experiencias y colaborar en proyectos.

Navegación y exploración:

Cryptovoxels permite a los usuarios moverse libremente a través del metaverso, explorar terrenos y descubrir nuevas creaciones y experiencias.

Economía virtual

La plataforma tiene su propia economía virtual basada en su criptomoneda nativa, el VOX. Los usuarios pueden gastar VOX en la compra de terrenos, objetos y otros activos dentro del metaverso.

Experiencias interactivas

Los propietarios de terrenos pueden crear experiencias interactivas, juegos y actividades para que los visitantes disfruten. Esto ha llevado a la creación de atracciones y escenarios de entretenimiento dentro de Crypto Voxels.

Cryptovoxels es parte de una tendencia creciente de metaversos basados en blockchain que permiten a los usuarios tener propiedad y control sobre sus activos digitales y crear experiencias únicas en línea.

4.4.5 Cosmize

El nombre "Cosmize, viene de Cósmico" es una combinación de Cosmos y Personalizar, donde todo el mundo puede crear y personalizar su propia imaginación cósmica. Esta plataforma permite crear actividades comunitarias, eventos, misiones y más posibilidades en el futuro. Es un lugar para hacer realidad la imaginación, para abrazar el espíritu de la descentralización a través de actividades impulsadas por la comunidad.

Cosmize se ejecuta sobre la cadena de bloques Astar y de acuerdo a la información disponible en su web, en el futuro, pretende crear un ecosistema metaverso interoperable y un entorno en el que las personas puedan expresarse en el espacio virtual sin restricciones.

Mencionan que en el futuro, el objetivo es construir varias experiencias en las que la gente pueda vivir en Cosmic, conectar con otros y crear su propia comunidad como si vivieran en un segundo mundo real.

Además de servir como plataforma metaverso para que los usuarios interactúen entre sí, Cosmize estará estrechamente integrado con la filosofía descentralizada, ayudando a la comunidad, propietarios de IPs, individuos con talento; artistas, diseñadores, músicos y otros a traer sus obras maestras al mundo de Cosmic.

En su web Cosmic tiene un lema "exprésate como quieras ser", lo que significa que todo el mundo es libre de expresarse, puede ser con tu propio avatar o habitación y con tus objetos.

Entonces, el objetivo es crear un lugar donde puedas expresarte tal y como eres, encontrar amigos con tus mismas ideas, aficiones y aspiraciones, ¡y conectar con gente y amigos nuevos!

En el siguiente video observamos el funcionamiento de Cosmin.

VIDEO

Cosmize

4.4.5 Bitcountry

De acuerdo a su wiki, el dominio Bit.Country fue adquirido por el equipo cofundador el 22 de enero de 2018 mientras asistían a una conferencia blockchain en San Francisco. En ese minuto el equipo percibe la necesidad de un mundo virtual para nuevas identidades y activos digitales en un futuro próximo.

bit.Country

Entonces surge la idea de una organización gobernada por la comunidad donde los activos puedan existir en máquinas perpetuas y los intercambios de valor se puedan realizar de manera confiable sin ninguna autoridad centralizada.

Es así como en marzo de 2021, el equipo se forma oficialmente y comenzó el desarrollo oficial en septiembre de 2021.

El objetivo de Bit.Country es permitir a los usuarios desarrollar sus propios metaversos aun cuando los usuarios no cuenten con conocimiento técnico. La aplicación Bit.Country es el portal a la plataforma y presenta dos vistas,

Vista web tradicional: vista 2.5D y línea de tiempo . Una vista web clásica para la creación de contenidos y actividades sociales relacionadas. El portal de gestión para gobernanza, residencia, participación, servicios, mercado y más.

Vista 3D no tradicional : organice eventos, juegue, interactúe con sus compañeros residentes y proporcione una representación "física" de su propiedad.

Esto realmente es algo genial.

Maite y Agustín son dos sobrinos que les encantan los juegos tipo Roblox. Imagino que un día podrán construir sus propios metaversos, donde podrán interactuar con sus grupos.

Imagino múltiples metaversos, de acuerdo a cada grupo funcional, ya sea una escuela, una universidad, un grupo de amigos, una sociedad de negocio, un club, todo lo que puedas imaginar.

Acá te dejo un enlace para que puedas profundizar sobre este entretenido proyecto.

https://bit.country/?ref=parachains-info

4.5 El cine ó el Movieverse

El "Movieverso de Warner" hace referencia al Universo Extendido de DC (DC Extended Universe o DCEU, por sus siglas en inglés), que es una franquicia cinematográfica creada por Warner Bros. Pictures y DC Entertainment. El DCEU está compuesto por una serie de películas que comparten un mundo de superhéroes y supervillanos basados en personajes de DC Comics.

El Movieverse ha creado una nueva experiencia de películas utilizando NFTs con tecnología provista por ELUV.IO y así, Warner Bros. Se convierte en el primer estudio de Hollywood en adoptar el formato de DVD para NFT, con la cinta "El Señor de los Anillos: La Comunidad del Anillo", estrenada en 2001 y dirigida por Peter Jackson, Warner Bros. apuesta por una edición de coleccionista, una nueva experiencia interactiva desde el hogar.

En noviembre del 2022, los fanáticos de El Señor de los Anillos, obtienen el NFT de la película en 4K, varias horas de material extra e imágenes de detrás de escena, además de activos coleccionables AR exclusivos inspirados en la trilogía de J. R. R. Tolkien.

Para probar que tal funciona esto utilizando web3.wb.com, adquirí una copia de la película, minteando mi primer NFT de video.

Si te interesa revisar esta experiencia puedes mirar en la web que ya han agregado nuevas películas y además cuentan con un Marketplace para la venta del NFT en el mercado secundario.

Al lanzar los NFT, generalmente han utilizado dos opciones de venta o colecciones. Ambas cuentan con la misma película pero se diferencian en los accesorios que acompañan la película y finalmente esto determina el NFT en cuatro categorías, "común", " no común", "raro", "épico", "legendario".

El NFT de la colección más costosa te permite adquirir de manera aleatoria un épico o legendario. Por otra parte el NFT menos costoso, te permite adquirir un NFT de las categorías, "común", " no común", "raro", "épico", lo que es determinado por el azar.

4.6 dApp para deporte. Heal III

¿Es posible vincular el deporte a una blockchain?

¿Es posible vincular el deporte a un NFT?

Pues claro que sí, acá existe un tremendo mundo a explorar y desarrollar, comentaré algunos ejemplos.

En mi familia predominan tres deportes, el patinaje artístico, el levantamiento de pesas y el taekwondo. He asistido a muchos eventos de estos deportes y he pensado en algunas ideas que serían de beneficio para todo el entorno deportivo.

Por ejemplo, cada vez que se realiza un campeonato, se genera información muy valiosa para los clubes, para los deportistas, y me refiero a los puntajes, las marcas registradas en las competencias, los lugares obtenidos.

¿Dónde queda esa información?, muchas veces sólo en la memoria colectiva y en el olvido.

Pero sería muy valioso guardarla en una blockchain y mantenerla por siempre. Luego una dApp podría permitir consumir la información, también registrarla y contar con algún mecanismo de verificación.

Sería genial que todas las competencias de patinaje artístico, taekwondo, etc..., en cualquier lugar del mundo registran las competencias, los puntajes y así generar un ranking global para los competidores. Esta práctica sería útil en muchos deportes.

Y porqué no además con estos resultados entregar un NFT de participación del competidor, el cual va a registrar ese momento único en la historia de su vida.

Quizás las marcas de ropa deportiva, de alimentación o de implementos, podrían apoyar también el financiamiento de deportistas y quedar registrados en un NFT por siempre.

Bueno, hay algunos que ya están trabajando en dApp para el deporte y NTFs, por ejemplo Heal Three.

Heal Three nace como una sofisticada aplicación Web3 dedicada al cuidado integral de la salud, fusionando con maestría elementos de la revolucionaria tendencia Game-Fi.

Inmerso en una experiencia única, el usuario tiene la oportunidad de adquirir y personalizar prendas NFT, elevando esta práctica a una dimensión más allá de lo convencional. La obtención de fichas exclusivas, simbolizadas por $UHT, se materializa al participar en actividades vinculadas a la salud, como el ejercicio (ya sea caminar o correr), un descanso adecuado y la gestión consciente de la dieta.

Estas fichas, más que simples unidades, son como llaves virtuales que desbloquean la capacidad de elevar y mejorar la vestimenta NFT, así como de evolucionar y perfeccionar ítems como los caramelos de menta, entre otros.

La optimización de tus ganancias se encuentra intrínsecamente ligada al proceso de evolución y mejora de tus NFT, así como al cumplimiento de misiones asignadas. Este entorno sumamente gamificado permite acumular aún más $UHT, una moneda digital que no solo perpetúa el ciclo de crecimiento personal sino que también se traduce en una mayor versatilidad.

De manera innovadora, los \$UHT obtenidos no solo se circunscriben al universo virtual de la aplicación; también pueden utilizarse para saldar servicios afiliados cuidadosamente seleccionados. La intriga se mantiene en relación con estos servicios, ya que su naturaleza privada será revelada de manera oportuna y exclusiva.

En resumen, Heal III redefine la experiencia de cuidado de la salud en la era digital, combinando la elegancia de las finanzas descentralizadas con la esencia lúdica de los juegos, creando un ecosistema donde la salud y la innovación convergen en una danza armoniosa.

La dApp de Heal III está desplegada en Astar Network y puedes encontrar mucha información en su página web.

https://heal3.notion.site/What-s-HEALTHREE-f45e9 8ab468743afb70a7f91485f9013

VIDEO

dApp HEAL III

4.7 Tickets, entradas.

4.7.1 Entradas como NFT. Una ticketera.

Quizás el primer ticket que compré en mi vida fue para asistir a un partido de fútbol del equipo de mi ciudad, Rancagua de Chile. Un modesto equipo llamado O'Higgins, que sólo una vez ha ganado el campeonato nacional de fútbol de Chile. En esa época los tickets se vendían en papel y algunos los guardaban como un recuerdo.

Hace un tiempo se pensó en que vender una entrada, un boleto, un ticket de papel, también podría ser digital y quizás muchos de nosotros hemos experimentado comprando en alguna plataforma de tickets, un ticket digital. Ni siquiera lo imprimimos, aunque es posible, sólo lo mostramos en nuestro smartphone al ingresar al recinto.

La ticketera "ticketmaster", da un paso más y crea el ticket NFT. La emisión de boletos NFT es un caso ideal, ya que los NFT son activos digitales únicos almacenados en una cadena de bloques, lo que los hace más difíciles de falsificar o duplicar en comparación con los boletos convencionales. Esto garantiza la autenticidad, reduce el riesgo de fraude y permite mayores oportunidades de personalización y compromiso para los organizadores y asistentes al evento.

La emisión de boletos de NFT hace que los boletos sean más genuinos y permite a los organizadores personalizar e interactuar con los asistentes. Brinda a los fanáticos una experiencia valiosa y coleccionable, conectándose a eventos únicos y expandiendo las marcas de eventos más allá de las ubicaciones físicas. En general, a su valor nominal, los boletos NFT pueden mejorar la seguridad, la innovación y la experiencia de venta de boletos.

4.7.2 El billete del tren.

Cuando pequeño fue mi primera vez en un viaje en tren. Luego al entrar a la Universidad, todos los días mi padre me acercaba en su auto a la estación y creo que el primer semestre de mis años de estudio, viajé casi todos los días desde la ciudad de Rancagua hacia Santiago y viceversa. El boleto del tren, una pieza de cartón con unos números que el encargado del control de pasajeros nos solicitaba y marcaba.

En ese momento no existían los smartphones y jamás hubiese imaginado que un boleto de cartón, podría transformarse en una imagen digital y menos en un NFT. Es que no existían.

En Japón, la compañía JR Kyushu, parte de la red ferroviaria más grande del país, trabaja en implementar una nueva experiencia de usuario utilizando la infraestructura Astar Network y cambiando ese viejo billete de tren, por un NFT.

La idea es que el operador de trenes japonés, en colaboración con la compañía P.R.O, distribuirá coleccionables conmemorativos e impulsará un concepto de "prueba de visitas", que se basarán en las experiencias e historial de viajes de los clientes, cada vez que usan y visitan los trenes de la compañía, entre otros servicios.

Los pasajeros podrán adquirir con yenes japoneses los NFT conmemorativos por medio de la plataforma, mientras que también podrán obtenerlos dependiendo del uso del sistema de trenes, así como autobuses, estaciones y otros servicios, mencionó un comunicado.

Maarten | Astar ✓ ⑥
@henskensm

Go ahead and get the NFTs prepared by two leading Japanese
enterprises: JR Kyushu (@jrkyushu_web3) and Japan Airlines (@Kokyo_nft
)! The NFTs originally prepared by those enterprises are eye-catching,
and they both have free-mint options (JR Kyushu NFT has a paid,
exclusive NFT too!) Access them here:

JR Kyushu NFT (free mint): yoki.astar.network/en/floors/train

Japan Airlines KOKYO NFT (free mint): yoki.astar.network/en/floors/coun

Traducir post

6:25 a. m. · 8 mar. 2024 · 5.802 Reproducciones

*Post del líder de Astar Network presentando la
colección de NTFs*

Dependiendo de cuáles NFT tengan, los usuarios
recibirían beneficios al momento de usar la red de
trenes y recibirán acceso a otras versiones limitadas.

Este caso de uso es probable que pronto lo
experimentemos en primera persona en distintos
lugares del mundo, dado lo simple de su diseño y lo
llamativo que pueden llegar a ser.

Imagino el día en que los pasajeros coleccionarán NTFs
de aviones, trenes, buses, barcos y quizás otros medios

de transporte, como recuerdo de sus viajes, de sus vacaciones.

Acá un video en el momento en que se genera la noticia.

VIDEO

NFT en tu billete de Tren

4.8 Libros como NFT?

Mi primer libro creo que lo recibí de regalo en el colegio en mi segundo año de estudios, aún lo conservo, se llama "La vida de simplemente", del poeta, Oscar Castro. Este libro tenía un valor especial para mí, al ser un premio y además al ser escrito por el poeta que generaba una admiración en mi círculo más cercano. Sus poesías se convertían en canciones.

Y así de ahí en adelante siempre compré libros, para leer, para estudiar y en algún momento sentía que no tenía el espacio para guardarlos, así que comencé a leer libros digitales.

La tecnología avanzaba y parecía mucho más sencillo leer en digital y almacenar en digital, así que comencé a ser usuario de una gran tienda de libros digitales, claro en web2.

Y entonces un día Andrés me dijo, escribiré un libro y quiero publicarlo como un NFT. Yo jamás habría pensado en eso, pero imagine nuevas editoriales web3; marketplace dedicados a la edición y venta de libros; mercados secundarios; imaginando que todo lo complejo que resulta a un escritor editar un libro y ponerlo en una librería, podría ahora realizarse de manera descentralizada, sólo desde el computador de su casa, entonces comencé a investigar.

4.8.1 NFT Book con Zora.

Zora es un protocolo descentralizado donde cualquiera puede comprar, vender y crear un NFT. En su documentación publicada mencionan que cuentan con diferentes herramientas, tales como la red capa 2, Smart contracts, API para recuperar metadatos de NFT y un kit de desarrollo para interactuar con la API de ZORA, llamado ZDK. Mencionan además que su documentación es de código abierto, eso quiere decir que puede ser utilizada por cualquier persona y además invitan a todos a unirse a su cuenta de Discord.

Mencionan además que su misión es construir un nuevo creador y una economía de propiedad comunitaria.

En otras palabras, buscan permitir la creación colectiva a escala en internet.

En su página mencionan además que el equipo está ubicado en distintos lugares del mundo, tales como, Atlanta, Berlín, los Angeles, Moscú, New York,etc...

Respecto a sus funcionalidades, si quieres probarla, lo primero que puedes hacer es conectar tu Metamask a la red Zora para interactuar con los NFTs ahí desplegados.

Si quieres experimentar y crear una colección, dc NTFs, ya sean videos, audios, PDF, etc..., puedes utilizar ZORA.

4.8.2 Primer libro NFT en Astar

Andrés es un gran amigo que he conocido poco a poco compartiendo ideas y más de algún proyecto web3. Un día me escribe y me cuenta que está trabajando en un libro de poesía, recopilando poemas escritos por años, en distintas etapas de su vida.

Me comentaba que estaba realizando pruebas en diferentes marketplaces y que aún no llegaba a los resultados que esperaba, entonces le dije, ¿conoces Bluez?, el Marketplace desplegado en Astar Network que está generando cosas nuevas...y así contactamos a Matt.

Matt es un embajador de Astar Network, que ha trabajado además en varios proyectos web3 y una gran persona.

Cuando contactamos a Matt le dijimos...¿es posible crear el primer libro NFT de poesía en Polkadot y Astar Network? Y Matt dijo, adelante.

Y así, luego de algunas semanas de trabajo, llega a Bluez, en inglés y en español el primer libro de Poesía en formato NFT.

Este libro de poesía digital ha sido creado con amor y dedicación de manera digital en Santiago de Chile. Es un esfuerzo de Andrés Peña (escritor), Sebastián Cisternas (diseñador) y Catalina Bernal (traductora), por contribuir a la digitalización y abrazar estos nuevos caminos.

Y el 28 de septiembre del 2023, se hace el MINT del primer libro NFT de Poesía en Polkadot y Astar Network en la historia y el día 29 de septiembre, <u>se hace el primer mint</u> en una compra de un usuario web3.

Felicitaciones a Andrés por ser pionero en la edición de NFTBooks y en este video comparto con ustedes un poco más de la historia de esta innovación, de un latino que le gusta escribir y aprender de web3 y que seguro lo veremos en diversos proyectos de gran potencial pronto. Hay que seguir sus redes.

VIDEO

Primer libro NFT

4.9 Nuevas formas de marketing.

4.9.1 Marketing, un NFT con papas fritas

Mi hermano menor coleccionaba tazos, unas figuras redondas con una imagen, que se encontraban en el interior de un paquete de snack y muy populares en la década de los 90.

Los tazos no están directamente relacionados con las papas fritas, sino que son objetos pequeños de colección que a menudo se incluyen como regalos o premios dentro de las bolsas de snacks o productos de papas fritas, especialmente en ciertas regiones o durante promociones especiales. Los tazos son generalmente fichas circulares o cuadradas hechas de plástico o cartón, y a menudo cuentan con imágenes o diseños impresos en ellos.

Mi hermano menor Tito, coleccionaba tazos aún recuerdo que hacía intercambios con ellos.

Los tazos se volvieron populares como elementos de colección en la década de 1990, especialmente en algunos países de habla hispana, donde se asociaron con marcas de papas fritas y otros aperitivos. Los coleccionistas solían jugar un juego llamado "tazos" con estas fichas, que implicaba apilarlas y lanzar otras fichas para voltear las que estaban apiladas.

Estos tazos se usaron como una estrategia de marketing para promocionar productos, y a menudo tenían personajes de dibujos animados, logotipos de la marca o diseños temáticos impresos en ellos. Los niños solían coleccionarlos y disfrutar de los juegos que se podían jugar con los tazos.

El caso de uso es que Calbee Inc. compañía líder japonesa de papas fritas y bocadillos está emitiendo

NFT en la cadena de bloques de Astar como parte de una nueva campaña promocional, "NFT Chips".

Los productos Calbees se pueden encontrar en miles de tiendas minoristas en todo Japón, y el nombre resuena con la mayoría de los japoneses.

Con Calbees NFT Chips Campaign, los consumidores que compren un paquete de Usu-Shio, Consomme-Punch o las inmensamente populares papas fritas Nori-Shio podrán reclamar un producto gratuito, evolucionando Potato NFT participando en su juego de origami "Ori-pake".

El juego requiere que los jugadores sigan las instrucciones impresas en el paquete y lo doblen de una manera muy específica, como un origami, luego confirme que lo han hecho escaneándolo con la aplicación de teléfono inteligente Calbeeees "Lbee Program." Los amantes de las papas fritas tendrán hasta el 31 de mayo para unirse a la campaña y evolucionar sus NFT.

La CEO de Astar Network, Sota Watanabe, dijo, *"Estoy muy emocionado de ver este caso de uso en Astar Network. Los chips Calbeeeess son probablemente los chips más consumidos en Japón y estoy seguro de que todo el mundo conoce este producto. A través de esta campaña, me gustaría hacer el futuro donde los japoneses están usando Astar Network sin saber qué es blockchain. Seguiremos haciendo todo lo posible para lograr la adopción masiva."*

La campaña NFT Chips de Calbeeees en Astar fue posible gracias a la asociación de Calbeeees con DataGateway, que desarrolló conjuntamente la billetera de datos wappa con Hakhudo y CryptoGames para permitir a los clientes poseer y administrar sus NFT en evolución. La billetera wappa se basa en la idea de que los datos personales pertenecen a las personas que los crean, no a las empresas que desean usarlos. Como tal, permite la verdadera soberanía de los datos. Los datos almacenados en wappa se pueden proporcionar a empresas individuales de forma anónima solo con el permiso del propietario de la billetera.

Para participar, los consumidores también deben descargar la billetera de datos "wappa" Web3 creada por DataGateway para reclamar su NFT gratuito. Cada vez que alguien registra un nuevo Ori-pake después de comer una bolsa de papas fritas, su NFT evolucionará y crecerá. Después de registrar cinco Ori-pakes, los usuarios verán su NFT en evolución transformarse por última vez en uno de las docenas de personajes del mundo virtual "Jagaverse".
Acá un video que muestra cómo canjear el NFT.

VIDEO

NFT papas fritas

Finalmente agradecer a mi querido Pablo, que en su último viaje a Japón me trae de regalo unos paquetes de snack para probar por mí mismo esta increíble experiencia.

4.9.2 NFT en Campañas de beneficencia

Los NFTs ofrecen un enfoque revolucionario para las campañas benéficas al proporcionar transparencia, autenticidad y trazabilidad a las donaciones.

Al representar activos digitales únicos, los NFTs permiten a las organizaciones benéficas rastrear y demostrar cómo se utiliza cada donación.

Además, al ofrecer activos digitales coleccionables o exclusivos como recompensas para los donantes, las campañas benéficas pueden motivar una participación activa y atraer a nuevos patrocinadores.

Esta innovadora tecnología tiene el potencial de transformar la recaudación de fondos y aumentar la confianza de los donantes al mostrar de manera clara y verificable el impacto de sus contribuciones en las causas benéficas.

Un interesante ejemplo ha sido el caso de la campaña de donación para una causa ambiental en Japón en el año 2023.

Es así como aquellos usuarios que deciden apoyar las actividades de la Fundación Conmemorativa Seven-Eleven recibieron un NFT de arte. Los clientes podían participar en la campaña desde cualquiera de los más de 26,000 cajeros automáticos de Seven Bank en todo el país y recibir el NFT de edición limitada desde el código QR en su comprobante de estado de cuenta.

Esto ocurrió entre el 18 de julio y el 16 de octubre del 2023 en los cajeros automáticos de Seven Bank.

El artista, el Sr. Kubota, en realidad recogió basura en el lago Biwa, y su sensación de que "desafortunadamente estamos conectados por la basura" se refleja en su arte, y la obra de arte, cuando se ve en el video, es una vista centrada en la espalda de una mujer, cada una con un pedazo de basura bailando en el paisaje.

La artista Nozomi Kubota creó cuatro tipos de NFT, los cuales se desplegaron en la red ASTAR.

En este video puedes apreciar el proceso y la campaña.

VIDEO

Campaña NFT en ATMs

4.10 Dominios web3 como NFT

Un dominio web es una dirección única en Internet que se utiliza para identificar y acceder a un sitio web en la World Wide Web.

Los dominios web son parte de la infraestructura de nombres de dominio (DNS) y se utilizan para traducir direcciones IP numéricas en nombres de dominio legibles por humanos. Por ejemplo, "www.ejemplo.com" es un dominio web que se utiliza para acceder a un sitio web específico. Los dominios web pueden terminar en extensiones como .com, .net, .org, entre otras, y se utilizan para organizar y distinguir sitios web en la web.

Por otro lado, "Web3" se refiere a una visión y evolución futura de la World Wide Web. Web3 busca transformar Internet y las aplicaciones en línea en una plataforma más descentralizada y basada en blockchain. En la Web3, se promueve la idea de que los usuarios tengan más control sobre sus datos personales y una mayor participación en la gobernanza de las aplicaciones y plataformas en las que participan. La tecnología blockchain suele desempeñar un papel importante en la construcción de la Web3, permitiendo contratos inteligentes y sistemas descentralizados.

Web3 se basa en la idea de que los usuarios pueden tener identidades digitales seguras y portátiles, así como la capacidad de interactuar en línea sin depender en gran medida de intermediarios centralizados. Esta visión de Web3 todavía está en desarrollo y evolución, y hay varios proyectos y tecnologías emergentes que buscan hacer realidad esta visión.

Los dominios Web3 al utilizar la tecnología blockchain, logran una gestión y operación descentralizadas, así los usuarios pueden controlar directamente sus cuentas y datos personales, autorizar o rechazar el acceso o las modificaciones a los datos personales utilizando claves privadas y ya no necesitan confiar en instituciones de terceros para administrar sus datos personales.

Hay varios servicios, <u>por ejemplo el ENS</u>, el ether name service, corresponde al registro de un nombre con la forma nombre.eth. Este tipo de registro ya está siendo utilizado y tiene un costo anual y sólo requieres de una adress en Ethereum para utilizarlo.

También mencionaremos el <u>dominio .ASTR</u>, que permite conseguir un dominio registrado como un NFT en la red de Astar Network, con costos mucho más bajos que en la red Ethereum.

El roadmap del proyecto menciona que está trabajando en agregar funcionalidad al mismo. En el siguiente video podrás ver cómo crear un dominio y un subdominio.

VIDEO

Dominios ASTR

4.11 Una máquina genial.
HARTI PHOTOS

Dos de mis hijas cada vez que veían una cabina de fotos en un centro comercial, insistían en tomar una y yo pensaba, que buen negocio es esto, siempre existirá gente dispuesta a entregar un poco de dinero por una foto.

La máquina que imprime fotos en una cabina en un centro comercial es comúnmente conocida como una "cabina de fotos" o "kiosco de impresión de fotos". Estas cabinas suelen estar diseñadas para proporcionar a los clientes una forma rápida y conveniente de imprimir fotografías digitales en diferentes tamaños y formatos.

Las cabinas de fotos en centros comerciales suelen ofrecer las siguientes características y servicios:

Captura de imágenes

Los usuarios pueden ingresar a la cabina y tomar fotos utilizando la cámara incorporada o cargar imágenes digitales desde una unidad USB, tarjeta de memoria o incluso desde sus dispositivos móviles.

Edición de fotos

Muchas cabinas de fotos permiten a los usuarios editar sus imágenes antes de la impresión. Esto puede incluir funciones como recortar, ajustar el brillo y el contraste, aplicar filtros y efectos, y agregar texto o adornos.

Selección de formato

Los usuarios pueden elegir el tamaño y el formato de impresión que deseen para sus fotos. Esto puede incluir fotos de carnet, fotos de tamaño estándar, imágenes estilo polaroid y más.

Opciones de impresión

Los usuarios pueden seleccionar la cantidad de copias que desean imprimir de cada imagen.

Pago y entrega

Los usuarios suelen pagar por las impresiones directamente en la cabina, a menudo utilizando tarjetas de crédito o monedas. Una vez que se realiza el pago, la cabina imprimirá las fotos y las entregará al usuario en cuestión de minutos.

Estas cabinas de fotos son populares en centros comerciales y lugares de entretenimiento porque permiten a las personas obtener copias impresas de sus fotos de una manera rápida y sencilla. Las fotos impresas pueden ser un recuerdo tangible de eventos especiales, viajes o simplemente para compartir con amigos y familiares.

Harti Photos genera un producto especial en el que además de ser una cabina de fotos, permite mintear un NFT en la Astar Network.

El producto ha sido presentado ya en ferias de tecnología en Japón, acá un video con algunas imágenes para que el lector pueda observar por sí mismo el producto.

VIDEO

Hartii fotos

Harti Photos es un producto de HARTI Co, con sede en Tokio y que de acuerdo a la información publicada, tiene como objetivo crear un nuevo ecosistema de mercado cultural y artístico con la filosofía de "crear una economía donde circulen las sensibilidades".

4.12 NTFs generados con IA

PinkRobot

Si eres curioso de las nuevas tecnologías y sigues alguna de ellas, seguro te preguntarás cuáles serían los resultados al combinarlas todas y me refiero a combinar en algún producto un poco de blockchain, inteligencia artificial, realidad virtual, realidad aumentada, impresión 3D, metaversos, etc...

A continuación desarrollaremos la idea de "PunkRobot" una App que combina Blockchain con inteligencia artificial, una dApp con la que puedes jugar a ser artista y crear obras únicas registradas para siempre en una blockchain.

¿Qué es PINK ROBOT?

De acuerdo a la descripción del proyecto en su cuenta de GITHUB, Pink Robot es

...un proyecto divertido donde el modelo de IA de su elección genera una imagen de robot rosa. Puedes escribir una descripción breve / larga de tu robot, la IA lo genera y, si te gusta, puedes acuñar como NFT en Star Network. El contrato NFT se acuña como contrato nativo (WASM) y utiliza el estándar PSP34.

Bien, vamos a poco a poco. Ya ha pasado un tiempo en que se han comenzado a conocer los avances en la inteligencia artificial generativa, y ya es posible entregar un texto y obtener una imagen.

En el momento que escribo este libro ya existen varios modelos que se están probando y utilizando en el mundo entero.

PinkRobot, genera una interfaz donde puedes elegir entre ocho modelos de IA para generar tu imagen.

¿Qué tal?, muchos conceptos... Quizás lo mejor es revisar cómo generar un PunkRobot y a la vez explicar los conceptos, así que, manos a la obra.

Lo primero que debes hacer es ir a pinkrobot.me y luego conectar tu wallet, utilizando la red Astar Network. Ahí observarás una interfaz que te va a solicitar información.

Lo primero será el "promt", que corresponde a un texto con una instrucción con la que buscamos comunicarnos con la IA. Por ejemplo si quieres crear un dibujo de un perro, podrías escribir "perro raza pequeña con un collar" y la IA te entregará la imagen.

En las pruebas que he realizado en inglés funciona mejor la instrucción, pero en español también entrega un resultado.

Recuerda que debes imaginar un robot rosa en tu cabeza y entregar las instrucciones para que esa imagen se genere.

A continuación debes seleccionar una de las distintas opciones de imagen, tales como, cartoon, oil, paper,...o ninguna.

Luego podrás elegir entre 16 estilos de artistas, tienes a Pablo Picasso, Vicent Van Gogh, Salvador Dalí, y muchos más... también será posible "no seleccionar artista" y finalmente deberás seleccionar el modelo de IA entre ocho modelos diferentes de generación de imágenes a partir de texto. No te daré muchos detalles, así experimentas y aprendemos haciendo, que se siente genial. Finalmente debes generar la imagen y si te gusta puedes hacer el mint de la misma en la blockchain de Astar Network.

Los NFT son visibles en el mercado de Paras y el costo de la acuñación en el momento de realizar las pruebas ha sido de 1 ASTR por NFT más gas y tarifa de almacenamiento.

Acá el link a la dApp.

VIDEO

PinkRobot

4.13 NFTs de las estrellas.

El 22, 23 y 24 de abril del 2022 tuve el honor de participar en "Among in the star" un evento organizado por la comunidad de Polkadot en la ciudad de La Serena Chile, donde conocí personas geniales y aprendí sobre las diferentes parachains que en ese momento se estaban desplegando en la red Kusama.

Uno de los proyectos que más llamó mi atención fue Robonomics, un proyecto blockchain que fusiona la tecnología blockchain con la robótica y la automatización, abriendo un mundo de posibilidades emocionantes. Su objetivo es permitir la comunicación y coordinación eficiente de robots autónomos, tecnología IoT con humanos, en una red descentralizada. Esto significa que los robots pueden interactuar, tomar decisiones y compartir datos en tiempo real, lo que tiene aplicaciones emocionantes en la industria, la logística, la exploración espacial y mucho más.

En este evento una de las aplicaciones más innovadoras que conocí fue la creación de NTFs de las estrellas.

En Chile, el equipo de Atacama Scope, una empresa de observación astronómica se asocia con Robonomics para crear el primer servicio de observación astronómica con generación de NTFs.

Ese día Osvaldo Miranda, CTO de Atacama Scope, nos da una clase magistral y nos explica cómo se crea esta solución de conectar un telescopio, con una cámara y con la solución de robonomics y nos explicaba que con esta solución era posible en cualquier lugar del mundo que los niños se conecten a los telescopios, aprendan astronomía, comanden el robot y obtengan una foto de las estrellas y generen un NFT.

Ese día Vitaly CEO de Robonomics nos explicó el caso de uso con una historia genial que intento transcribir acá.

...Cuando nos reunimos con el equipo de Atacama Scope inmediatamente pensamos, es una gran oportunidad para colaborar ya que la mayoría de los casos de uso en robonomics son para empresas industriales, trabajamos con robots industriales, ...sin embargo cuando vimos el telescopio, pensamos se puede conectar a robonimics y eso es lo que hicimos y fue posible emitir un NFT.

Los usuarios pueden ordenar al telescopio y tomar la foto y emitir el NFT. El Universo están hermoso y único, y los NFT son una forma única de capturar datos, ...hay una historia interesante que quiero compartir, una vez un cliente captó un cometa que caía del cielo y debido a que el telescopio demora unos segundos, pudo capturar una línea, que es un Cometa y debido a que el NFT se crea de inmediato, no hay ningún humano para verificar y este NFT representa este momento único, donde el cometa caia del cielo.

Creo que Atacama Scope es un caso de uso único... El telescopio funciona todas las noches y dependiendo de las condiciones climáticas,... a veces está nublado,...

te invito a que lo pruebes y emitas un NFT de las galaxias...

En resumen Robonomics y su aplicación de NFT de las estrellas ejemplifican la intersección de la tecnología blockchain con campos aparentemente dispares, lo que demuestra el potencial ilimitado de la blockchain para transformar y mejorar una amplia gama de industrias y experiencias humanas.

Acá el link al servicio.

¿NFT de las estrellas?

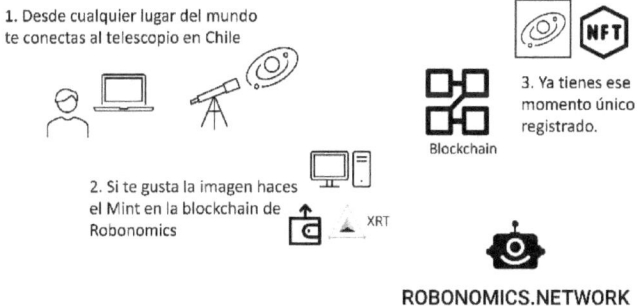

1. Desde cualquier lugar del mundo te conectas al telescopio en Chile

2. Si te gusta la imagen haces el Mint en la blockchain de Robonomics

Blockchain

3. Ya tienes ese momento único registrado.

ROBONOMICS.NETWORK

Parte II

Capítulo 5.

5.1 Crea, compra y vende

Seamos sinceros, ya llevas algunas páginas del libro leídas, entonces, ya tendrás claridad en que no todos los NFTs se crearán para ser comprados o vendidos. Es decir, en gran parte los NFTs se crean para demostrar que existe un registro de algo y muchos de ellos deberían ser intransferibles.

Bueno, aclarado ya lo importante, existe un subconjunto de NTFs que pueden ser comprados y vendidos, ya sea que representan obras de arte, productos o simplemente por especulación.

Entonces, ¿comprarías un NFT?, si la respuesta es sí; ¿por qué?, para qué?...

O, ¿ crees que son un nuevo tipo de burbuja los NFTs?, ¿otro instrumento de especulación?, dónde todos compran algo que no saben que es, sólo porque sube de precio y luego esperan venderlo a un precio más alto.

Acaso, ¿se están generando nuevos esquemas "ponzi" alrededor de los NFTs?, ¿qué opinas?

Yo creo que todo dependerá de los objetivos y usos que quiera darse a los NFTs.

Por ejemplo, si eres artista y quieres vender tus obras como NFT, entonces yo no veo problema en comercializar las obras.

Los artistas pueden obtener un beneficio por su trabajo y buscar un comprador o utilizar un marketplace especializado.

Pero también es posible que existan casos en que se crea un NFT o una colección sólo con el fin de especular con el precio. En lo personal, no me gusta esta forma y no me parece adecuada.

En este capítulo nos referiremos a cómo crear un NFT, a como comprar y vender un NFT, a como generar una colección y finalmente describiremos algunos Marketplace.

Pero, ¿qué es un Marketplace?, en simples palabras, es un mercado donde se encuentran compradores y vendedores. El lector debe imaginar esos mercados, ferias, centros comerciales y luego pensar en esa misma idea de manera digital.

También desarrollaremos el concepto "Mint".

Así que este capítulo está dedicado a los artistas, para que se animen a crear su colección y a publicarla en un Marketplace, a grandes artistas como Juan Manuel Utrero, un dibujante de caricaturas que conocí en la ciudad de Mendoza, Argentina, que espero algún día pueda comercializar sus obras en todo el mundo tokenizandolas, ofreciendo NTFs, acá una de sus caricaturas,

También al artista Leonel, un gigante del arte que puede transformar cualquier cosa de metal en una figura. Su tienda se ubica en la plaza de Armas de La Serena en Chile, para que puedan visitarla. Acá comparto una foto

y además comparto una escultura que representa un "desarrollador", de esos que hoy mismo están construyendo para Polkadot y para todo el ecosistema, le he bautizado como Gavin, creada con clavos, residuos de metal y con su tremenda imaginación, la tengo en mis manos,

también les dejo el enlace a su sitio y espero algún día apoyarlo a tokenizar sus obras, https://www.instagram.com/recicladosleonel/

Me gustaría dedicar además este capítulo y este libro a una maravillosa persona, un joyero chileno, Miguel Garrido un artista de los anillos, los aros, las cadenas, a quien espero algún día apoyar en tokenizar sus obras, acá comparto una imagen de una cadena de Kitty, un hermoso regalo de cumpleaños para mi hija, fabricada por él y

que perfectamente podría ser entregada con un certificado de autenticidad NFT. Espero convencerle e iniciar un proyecto juntos.

Y finalmente dedicar este capítulo a mi padre, que dedicó algunos años de su vida al arte de dibujar y que ya tiene una colección en un Marketplace. Acá uno de sus dibujos.

5.1.1 Crear un NFT

Como se describió en los capítulos previos, un NFT es un token y por esa razón, requiere de código, que el artista o el usuario sin conocimientos de programación no conoce y no puede generar.

La buena noticia es que se ha avanzado en plataformas amigables para que muchas personas sin conocimientos de programación puedan crear y comercializar NTFs.

El proceso casi siempre va a requerir que el creador tenga ya una wallet configurada en la red en la que va a crear el NFT y un poco de gas, es decir el token que requiere esa red para pagar los fees de las transacciones.

Así que el primer paso será conectar la wallet a la dApp, o al Marketplace.

Recordar al lector que una dApp y un Marketplace no son lo mismo, así tendremos aplicaciones descentralizadas, llamadas dApps que van a permitir generar NTFs, por ejemplo la dApp de Pink Robot o de Robonomics, que no son un Marketplace. Ambos casos serán estudiados en los capítulos siguientes.

Ahora nos centraremos en describir cómo funcionan los Marketplace y sus procesos.

Si optas por crear tu NFT en un Marketplace, entonces una vez conectada tu wallet, deberás buscar la opción "crear" y en algunas ocasiones deberás elegir entre crear un NFT o una colección.

Cuando optas por crear un NFT, tendrás que cargar un archivo, fichero, que puede ser una imagen, un video, un audio, un modelo 3D, un documento PDF, etc,... hay más formatos y dependerá del servicio que estás utilizando.

Luego deberás registrar un nombre y una descripción y si quieres podrás asignarlo a una colección y además agregar propiedades.

Por ejemplo, si vas a subir varias imágenes de un león, una puede ser blanca, otra roja, otra verde y además un león puede tener melena y otro no. En este ejemplo podrás definir las propiedades, color y melena y en cada imagen registrar estos valores.

Generalmente acá acaba el proceso simple, luego debes confirmar la transacción pagar el gas y ya estarás realizando el primer MINT de un NFT.

Y ¿ qué es el gas?

El gas es el combustible de las transacciones, es un costo a pagar en la blockchain por el registro de una transacción. Cada blockchain tendrá su propia definición de gas en cuanto a cantidad y token.

Por ejemplo en la red Ethereum, el gas se paga en ETH y hoy mismo, a mí me parece muy costoso. En Polkadot en cambio, el gas se paga en DOT, en la Astar Network, se paga en ASTR y en la red Moonbeam se paga en GLMR.

Debo mencionar además que el costo del gas en las parachains de Polkadot es bajo, y los productos son geniales, así que es recomendable utilizar estos servicios.

En el video que se muestra acá, en el minuto 2.56, puede verse un ejemplo de la creación de un NFT en un Marketplace. El proceso será similar en distintos Marketplaces.

VIDEO

NFT en Bluez

5.1.2 Comprar y Vender un NFT

Si ya llegaste hasta acá deberías tener un poco de curiosidad de como comprar o vender un NFT y si recuerdas, en los primeros capítulos los valores que han alcanzado los NFTs, quizás te animarías a comprar o vender uno.

Comprar y vender NFT en un marketplace es un emocionante viaje que te permite explorar la intersección de la creatividad y la tecnología. A continuación, te guiaré a través de los pasos esenciales para llevar a cabo transacciones exitosas en este nuevo mundo digital, ofreciendo un elegante equilibrio entre simplicidad y sofisticación.

Si eres un coleccionista o simplemente un entusiasta, comprar un NFT es como adquirir una pieza única de arte o un artículo de colección en el mundo físico. Es una declaración de propiedad digital, un acto que demuestra tu aprecio por la creatividad y tu apoyo a un artista. En este viaje, es importante explorar los marketplace de NFT, buscar activos que resuenen contigo y verificar la autenticidad y procedencia. Además, debes familiarizarte con las billeteras digitales y aprender a almacenar con seguridad tus adquisiciones. Este proceso, aunque aparentemente técnico, se vuelve más sencillo con la práctica.

Por otro lado, si eres un creador o un coleccionista que desea vender, la transacción se convierte en un acto de compartir y monetizar tu trabajo. El primer paso es crear un NFT, lo que implica empaquetar tu obra de manera única y autenticarla en la cadena de bloques. Luego, elige el marketplace adecuado para tu audiencia y establece un precio que refleje el valor de tu trabajo. Al vender un NFT, no solo estás ganando reconocimiento, sino también ingresos que pueden potenciar tu carrera o pasión creativa.

El proceso será simple y antes que nada debes buscar un Marketplace para hacer la transacción. En las siguientes páginas me referiré con algunos ejemplos.

Una vez que seleccionaste un Marketplace será el momento de elegir la red y conectar tu billetera.

Si vas a comprar, el Marketplace desplegará imágenes e información sobre colecciones, entonces debes elegir una y a continuación buscar el NFT que te gustaría comprar.

En ocasiones hay dos métodos de compra, la compra inmediata, pagando el precio que el vendedor ha puesto a su NFT, o la subasta, donde se ofrece un NFT y el mejor postor en un tiempo determinado se queda con la obra.

Por otra parte si creaste un NFT o compraste uno y lo quieres vender, el proceso será el inverso. Debes seleccionar el NFT y listarlo para la venta en un Marketplace.

En el video a continuación puedes ver un ejemplo del proceso de como comprar y vender NTFs, en este caso en el Marketplace Paras.

VIDEO

Marketplace Paras

5.1.3 Una colección

Mencionamos anteriormente que es posible comercializar un NFT pero también una colección, pero ¿qué es una colección?

Todos aquellos que alguna vez cuando niños compraron un álbum con láminas, con pegatinas, entenderán el concepto.

En mi caso cuando niño mi papá en ocasiones nos compraba el álbum con la temática del campeonato de fútbol de Chile de un año en particular. Comprabas el álbum y luego comprabas los sobres. Las láminas estaban dentro del sobre y debías pegarlas al álbum. Si tenías suerte y dinero para comprar sobres podrías completar el álbum y quizás participar por ganar un premio.

La analogía es que el álbum completo representa una colección.

Podrás adquirir NFT de colecciones o si quieres, crear tu propia colección de NTFs y comercializar.

Acá verás un video que muestra cómo crear una colección en un Marketplace

VIDEO

Crea una colección en
Bluez

Hay distintas maneras, pero son similares.

Hay que mencionar además que con el tiempo se han ido generando registros de colecciones en los Marketplace y fuera de ellos, por ejemplo, en la herramienta DefiLlama, puedes encontrar un ranking de colecciones de NFT ordenadas por precio, cambios, volúmenes, suministro, etc... Algunas páginas más adelante se describirán en DefiLlama.

5.1.4 El Marketplace

Ahora nos adentraremos en el mundo de los Marketplace de NFT, espacios digitales que han desencadenado una revolución sin precedentes en la forma en que percibimos y comerciamos activos digitales. Su atractivo es innegable, su potencial, ilimitado, y su impacto, perdurable.

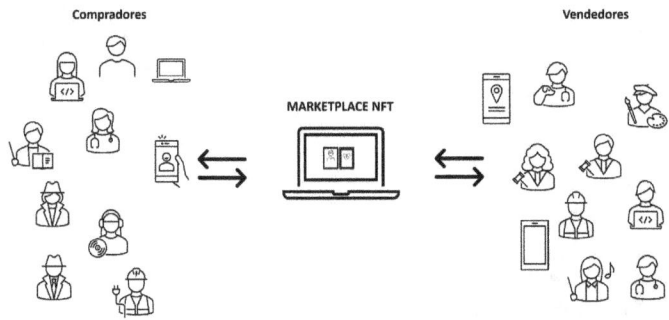

El Lugar de la Creatividad y la Escasez Digital

¿Por qué los Marketplace de NFT son tan emocionantes?

La respuesta radica en su capacidad para fusionar tecnología y arte. La razón fundamental, nuestro "por qué," es permitir que los artistas se beneficien de la economía digital de una manera que nunca habíamos imaginado. A través de la tokenización, pueden digitalizar su trabajo y crear una oferta limitada de NFT, otorgándoles la propiedad y control total de su obra. Esta idea, el "cómo," es posible gracias a la tecnología blockchain, que garantiza la autenticidad y la propiedad única de cada activo digital. Lo que hacen los Marketplace de NFT es proporcionar un escenario para que artistas y coleccionistas se unan en una comunidad global, creando, intercambiando y valorando activos digitales únicos.

El Nuevo Paradigma de Propiedad Digital

Estos Marketplace han cambiado fundamentalmente la forma en que percibimos la propiedad en el mundo digital. Antes, la duplicación era sencilla, y la idea de propiedad en línea era ambigua en el mejor de los casos. Sin embargo, con los NFT, se ha creado una nueva realidad donde la escasez digital se vuelve posible. Cada NFT representa algo único y genuino, y su propietario puede demostrarlo en la cadena de bloques. Esto ha impulsado una revolución en la forma en que coleccionamos, compartimos e invertimos en contenido digital.

El Impacto en la Economía y la Cultura

El impacto de los Marketplace de NFT no se limita al mundo del arte y la creatividad. Su influencia se extiende a la economía global, con transacciones multimillonarias y un mercado en constante crecimiento. Además, están redefiniendo la cultura, abriendo nuevos caminos para la colaboración entre artistas, innovadores y visionarios. Los NFT están democratizando la creación y la inversión en activos digitales, eliminando las barreras de entrada y permitiendo que un abanico diverso de creadores encuentre su audiencia global.

En este capítulo, exploramos a fondo cómo los Marketplace de NFT están transformando la manera en que concebimos la propiedad digital y cómo están moldeando nuestro futuro en la era digital. Prepárate para descubrir un mundo donde la creatividad y la innovación se encuentran con la tecnología y la autenticidad en una danza fascinante de posibilidades infinitas.

5.1.4.1 Defi Llama

DeFi Llama es una fuente de información importante. Si buscas en la web DefiLlama observarás <u>un ranking</u>

de Marketplace de NTFs y estando claro que existirán otros y además que es posible que cuando el lector revise este libro, quizás el ranking ya no será el mismo, lo tomaremos como referencia en un punto de la historia.

Entre los diez primeros Marketplace del ranking por volumen figuran, Blur, OpenSea, X2Y2, Cryptopunks, Gem, Foundation, Superrare, Looksrare y AlphaSharks.

No figuran en el ranking pero yo agregaré a Paras, Bluez, Singular, TofuNFT y Binance NFT, con objeto de referirme brevemente a algunos de estos casos de uso.

5.1.4.2 Marketplace Open Sea, un gigante.

De acuerdo con la información disponible en la web, durante el año 2017, Devin Finzer y Alex Atallah, inspirados por el lanzamiento de CryptoKitties, fundan el Marketplace OpenSea.

Luego de una serie de rondas de financiación a partir del año 2018, con trabajo y dedicación OpenSea se convierte en unos de los marketplaces de NFT más grandes del mundo.

Acá es posible comercializar NTFs desplegados en cadenas como Arbitrum, Avalanche, BNB Chain, Base, Ethereum, Optimism, Polygon, Solana y Zora.

Además en su menú descubrirás una clasificación de NFts de acuerdo con su clasificación, es decir, de arte, gaming, membresías, fotografía y música.

Acá encontrarás el acceso directo a OpenSea en español para que puedas curiosear y experimentar.

https://opensea.io/es

Y si te animas a conocer un poco más, acá te dejo un video que puede ayudarte a conocer las funcionalidades de Open Sea.

VIDEO

Opensea un Marketplace

5.1.4.3 ToffuNFT un multicadena

TofuNFT es un Marketplace multicadena, compatible con EVM, centrado en GameFi. Como la mayoría de estos servicios, nada más requieres de una wallet compatible con EVM para acceder, previamente configurando la red que quieras utilizar.

Pinchando arriba a la derecha en su web, observarán más de 24 redes compatibles, por ejemplo, Ethereum, BNB chain, Avalanche, Arbitrum, Polygon, Astar, Fantom, Optimism, Moonbeam, entre otras...

5.1.4.4 Paras un Marketplace sencillo.

Paras es un Marketplace desplegado en las blockchains de Near y también en Astar Network y de acuerdo con la información disponible en su web, Paras es un mercado NFT para coleccionables digitales.

En su visión indican que "...*Nos enfocamos en respaldar y desarrollar las IP cripto-nativas porque creemos que al crear nuevas IP exclusivas, podríamos personalizar y diseñar nuevas experiencias de estos medios: cómics, juegos y juguetes..."*

Paras

En su web también se menciona que el equipo está repartido por todo el mundo y tiene su sede en Yakarta, Indonesia.

En el video adjunto podrás visualizar el funcionamiento de Paras.

VIDEO

Paras un Marketplace

5.1.4.5 Bluez, una joya en Astar.

Bluez es un marketplace de NFT que redefine la experiencia con un enfoque moderno, innovador y genial. Hoy mismo está desplegada en Astar Network, en el ecosistema Polkadot.

Algunas características clave que hacen que sea único son,

Interfaz Intuitiva e Innovadora

Bluez presenta una interfaz diseñada para inspirar. Se destaca por su diseño intuitivo y atractivo, facilitando a los usuarios la exploración y adquisición de NFT de manera sencilla y emocionante.

Tecnología Blockchain de Vanguardia

Utiliza lo último en tecnología blockchain para garantizar la seguridad, la transparencia y la autenticidad en cada transacción. La cadena de bloques no solo respalda la propiedad única de cada NFT, sino que también permite una trazabilidad completa de la obra, brindando a los coleccionistas la confianza de que están invirtiendo en auténtico arte digital.

Eventos y Colaboraciones Exclusivas

Bluez siempre mantiene la emoción encendida con eventos especiales y colaboraciones únicas. Desde lanzamientos de NFT exclusivos hasta colaboraciones con artistas.

En el siguiente video podrás apreciar el funcionamiento de Bluez.

VIDEO

Bluez un Marketplace

Tengo un cariño especial por Bluez, primero por su apoyo en el lanzamiento del primer libro NFT de poesía en el ecosistema Polkadot, que se describe más adelante como caso de uso y luego por apoyarme en el lanzamiento del primer libro de finanzas descentralizadas, también en formato NFT. Acá les dejo el enlace.

5.1.4.6 Singular, siempre innovando

En los primero capítulos de este libro se mencionó a RMRK y todo el aporte que nos deja en la evolución de los NFTs, pues bien Singular es un Marketplace de NFT desarrollado por RMRK, que permite a los usuarios comprar, vender y comerciar NFT. Los usuarios pueden crear y/o conectar una billetera, navegar por elementos digitales y realizar transacciones de forma segura utilizando la tecnología blockchain.

Singular se diferencia en que los usuarios podrán interactuar con NFT regulares y avanzados, llamándoles NFT 1.0 y NFT 2.0 ó modulares.

Para crear y acuñar un NFT en Singular, el lector debe conectar su billetera y notará que puede utilizar una billetera compatible con el ecosistema Polkadot y también con el entorno EVM. Hace un tiempo el proyecto se ha concentrado en la blockchain de Base, por lo cual algunas funcionalidades será diferentes en cuanto a desarrollos en diferentes cadenas.

Bien, luego debe hacer click en el botón "Crear" en la parte superior derecha de la pantalla, seleccionar la red y el tipo NFT.

Finalmente debe cargar su archivo y firmar las transacciones necesarias utilizando su billetera conectada para completar el proceso de acuñación.

Para comprar, vender o intercambiar NFT en Singular, primero debe conectar la billetera y luego navegar y encontrar los NFT que le interesan.

Hay que mencionar finalmente que Singular actualmente admite las billeteras, Polkadot.js, Talisman, WalletConnect y MetaMask para conectar, acuñar y comercializar NFT.

En el video a continuación podrás apreciar de mejor manera el Marketplace.

VIDEO

Singular y la magia de RMRK

5.1.4.7 Marketplace UNIQUE.

Unique Network es una parachain de Polkadot escalable para NTFs que ofrece soluciones que permiten entregar nuevos servicios de NTFs a todo el mundo. Visar su Marketplace, acá el enlace, https://unqnft.io/market?filterState= ,notarás que es sumamente sencillo, intuitivo y de bajo costo.

Puedes crear NTFs individuales y/o colecciones, así que te dejo invitado a explorar estos servicios.

5. 2 Valor de Mercado

En este capítulo, exploramos el mundo de los NFT desde un enfoque financiero evaluando los riesgos que conlleva y aunque en mi opinión, creo poco conveniente comprar NTFs sólo con fines especulativos, de todas formas dedico algunas líneas a desarrollar un poco sobre esta práctica, ya que quizás al lector pueda ser de utilidad.

El Auge del Valor de los NFT

El "por qué" detrás del creciente valor de mercado de los NFT radica en su capacidad para representar autenticidad y singularidad digital. A medida que más personas reconocieron la escasez digital y la propiedad de activos únicos, la demanda de NFT aumentó, siendo el año 2001, un punto máximo.

Los coleccionistas y entusiastas estaban dispuestos a pagar sumas significativas por obras de arte digitales, música, videos y otros activos, sin entender bien que estaban comprando, con temor a no comprar algo que sólo subía de precio. Pero luego, todos los precios cayeron, ya que sencillamente en muchos casos los precios no tenían sentido.

Los Riesgos Inherentes

Si bien el mercado de NFT ofrece oportunidades emocionantes, también presenta riesgos que no deben ser pasados por alto. La volatilidad de los precios es un factor para considerar ya que los valores pueden fluctuar considerablemente en un corto período de tiempo. La especulación excesiva es otro riesgo, ya que algunos compradores pueden estar más interesados en la inversión que en la apreciación del arte o la cultura. La falta de regulación también plantea desafíos, ya que puede ser difícil resolver disputas o proteger la propiedad. Además, la sostenibilidad se ha convertido en una preocupación creciente, ya que la creación de NFT puede tener un impacto ambiental significativo. Finalmente el riesgo de fraude es otro tema para considerar.

Tomando Decisiones Informadas

Para maximizar las oportunidades y mitigar los riesgos, es fundamental tomar decisiones informadas y antes de comprar o invertir en un NFT se debe, investigar a fondo el activo y su creador, comprender el mercado y establecer un presupuesto. La diversificación puede ayudar a reducir la exposición a la volatilidad. Además, mantente al tanto de las noticias y desarrollos en el mundo de los NFT para tomar decisiones oportunas.

A medida que exploramos el valor de mercado de los NFT y sus riesgos, recuerda que, como en cualquier inversión, la prudencia y la educación son clave. Este mercado ofrece una ventana al futuro de la propiedad digital y la creatividad, pero también requiere responsabilidad y consideración.

Mercados

Podemos mencionar dos tipos de mercados: (1) el de las primeras emisiones y (2) el mercado secundario. En ocasiones un buen marketing y una comunidad participativa generan una importante demanda de NTFs en ofertas iniciales. Los Criptokities y los Astar Punks, se vendieron rápidamente los días y hora en que fueron anunciados.

Posteriormente, el Valor del NFT es determinado en el mercado secundario por la oferta y la demanda.

Hay algunos casos de obras de arte que se han vendido en importantes sumas de dinero, pero también hay muchos casos de NTFs vendidos por pequeños montos.

5.2.1 Primeras emisiones de NFT

Una primera emisión de NFT se refiere al proceso de crear y lanzar por primera vez un NFT en una plataforma de blockchain o mercado de NFT. Una primera emisión de NFT implica la creación y registro del NFT en una cadena de bloques específica.

A menudo, el término se asocia con una nueva obra de arte, una pieza de música exclusiva o cualquier otro contenido digital único en una plataforma de mercado de NFT.

Aquí están los pasos típicos involucrados en una primera emisión de NFT:

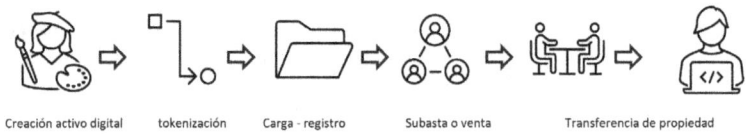

Creación activo digital   tokenización   Carga - registro   Subasta o venta   Transferencia de propiedad

Creación del Activo Digital

El creador del contenido digital, como un artista o un desarrollador de juegos, crea una obra digital única o un artículo coleccionable.

Tokenización

El contenido se tokeniza, lo que significa que se convierte en un NFT en una cadena de bloques específica, como Ethereum, Astar o Polkadot. La tokenización implica la creación de un contrato inteligente que define las propiedades del NFT, como la rareza, la propiedad y otros metadatos.

Carga y Registro

El NFT se carga en una plataforma de mercado de NFT, donde se registra y se hace público para que los coleccionistas e inversores lo vean.

Subasta o Venta

El NFT se puede ofrecer en una subasta, en una venta directa o en una preventa, según la estrategia del creador. Los interesados pueden pujar o comprar el NFT.

Transferencia de Propiedad

Cuando un comprador adquiere el NFT, se convierte en el propietario y puede transferirlo a su billetera digital.

Una primera emisión de NFT es un momento emocionante tanto para los creadores como para los coleccionistas, ya que marca el inicio de la existencia de un NFT único y generalmente incluye detalles sobre su origen y autenticidad. Estos eventos pueden generar interés y emoción en la comunidad de NFT y en los mercados digitales.

Hoy es posible observar a artistas, DAOs, proyectos grandes y pequeños realizar el lanzamiento de una colección, pero también es posible observar que una persona o artista en cualquier lugar del mundo con un computador o un smartphone y una conexión a internet cree y publique un NFT para la venta.

A continuación algunos ejemplos,

Ejemplo1

Acá un ejemplo de un NFT creado en la plataforma de Singular, diseñado con una herramienta AI que ha sido creado como NFT y que es posible poner a la venta.

VIDEO

Singular y la magia de RMRK

Ejemplo2

Acá un ejemplo de una colección de NFT creados en la plataforma de Bluez, y diseñados con una herramienta AI que ha sido creado como NFT y que es posible poner a la venta.

VIDEO

Crea tu colección de NFT en Bluez

5.2.2 Mercado secundario de NFT, el Marketplace.

El mercado secundario se refiere a los Marketplace donde puedes comprar o vender tus NTFs. En el capítulo anterior se mencionan varios ejemplos. En resumen para imaginar un mercado secundario, piensa en una feria libre, donde se instalan todos quienes quieren vender sus productos y llegan compradores. Muchas veces los vendedores que se instalan en la feria han comprado sus productos previamente a otro vendedor inicial.

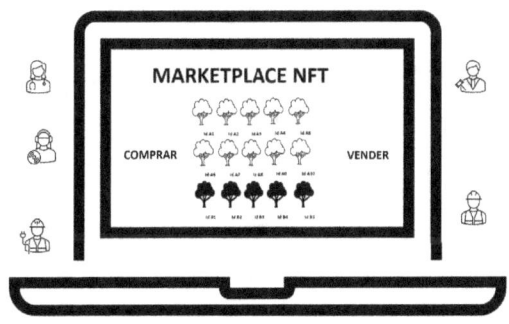

5.3 Dónde se guardan?

En este capítulo, nos sumergimos en el mundo de la custodia de los NFT. Aprenderemos dónde residen estos activos digitales, cómo se almacenan y protegen, y cómo puedes mantener tus NFT seguros mientras sigues explorando este emocionante universo.

Antes que todo, una pregunta, ¿Qué prefieres?, ¿tus tokens, tus NTFs custodiados en un CEX, es decir que un tercero los custodia por tí o custodiados por ti mismo?

Recordar al lector que si mencionamos CEX, nos referimos a una entidad que presta un servicio y que es centralizado.

En principio quizás elegirías un tercero para esta tarea, pero ¿qué pasa si un día te levantas y quieres ingresar al sitio donde almacenas tus tokens y éste ya no existe?

Pensando en este escenario es interesante conocer cómo custodiar por ti mismo los tokens en tu billetera.

Y no te confundas querido lector, los NFTs son un registro, por lo tanto están en la blockchain asociados a una adress.

Las Billeteras Digitales.

Dentro del mundo de los NFT, las billeteras digitales son como las cajas fuertes virtuales. Son el "por qué" de la seguridad de tus NFT, y el "cómo" de su almacenamiento seguro. Las billeteras digitales son programas o aplicaciones que te permiten gestionar y almacenar tus NFT. Al crear una billetera, generas una dirección única en la cadena de bloques donde tus NFT residirán de forma segura. Estas direcciones se asemejan a cuentas bancarias únicas, asegurando que solo tú tengas acceso a tus activos digitales. Si bien ya se han descrito algunos conceptos en el capítulo 1.2, ahora profundizaremos en ellos.

Existen varios tipos de billeteras digitales, cada una con sus propias características y niveles de seguridad. Las billeteras en línea son convenientes pero pueden ser más vulnerables a ataques cibernéticos. Las billeteras de hardware son dispositivos físicos que ofrecen un alto nivel de seguridad, ya que almacenan tus NFT fuera de línea. Las billeteras de software son aplicaciones que puedes instalar en tu computadora o dispositivo móvil. Cada tipo de billetera tiene sus pros y contras, y la elección dependerá de tus necesidades y preferencias.

A medida que el mercado de NFT sigue evolucionando, también lo hacen las soluciones de custodia.

Durante algunos años de mi vida laboral, en una importante institución financiera en mi país, conocí a dos personas extraordinarias que dedicaron parte de su vida a la custodia de valores financieros y todo lo que sé sobre procesos de custodia, se lo debo a ellos, la dupla de Francisco y Carlos, una dupla genial de ángeles custodios, que han sido una parte importantísima en mi carrera profesional, así que en estas líneas les rindo un homenaje y espero algún día devolverles la mano, enseñándoles un poco de blockchain y NTFs.

Pues bien, la custodia siempre ha sido un desafío para los distintos mercados, el financiero, el retail, el arte, y es porque todo lo que tiene valor, requiere de una protección, de una custodia.

Entonces, las empresas y servicios especializados están surgiendo para brindar opciones más seguras y accesibles a los usuarios.

La futura custodia de NFT puede implicar soluciones aún más avanzadas, como custodios institucionales y garantías de propiedad reforzadas.

Pero también puede ser un auto custodio, es decir, **tú mismo custodiar tus NTFs**.

A continuación repasamos algunas billeteras que serán necesarias para tus NTFs, como por ejemplo, Metamask y Nova Wallet. También me referiré a Polkadot.js.

Metamask se ha diseñado para conectarse a diversas blockchains, por lo tanto, en una sola billetera puedes acceder a tus NFTs de la red Ethereum, de la Binance Smart Chain, de la red Astar, de la red CRAB y muchas otras.

Nova Wallet es una billetera diseñada para funcionar en los ecosistemas de Polkadot y Kusama, entonces podrás acceder a los NFTs sólo a algunas de estas redes de momento ya que, Nova Wallet sigue desarrollándose.

También comienza a ser popular la wallet de Talisman, acá algunas wallets.

5.3.1 Metamask popular y multichain

Metamask es una billetera cripto y una extensión de navegador que se utiliza comúnmente para interactuar con aplicaciones descentralizadas (dApps) en la red de Ethereum y otros blockchains.

Mencionar además que es una de las billeteras más populares para Ethereum y ha ganado una gran base de usuarios debido a su facilidad de uso y su integración con navegadores web populares, como Google Chrome,

Mozilla Firefox, y en los sistemas operativos Android e IOS.

Así que si todo el mundo la utiliza, puede ser una buena idea iniciar por acá instalando y aprendiendo a utilizar la billetera Metamask.

Las principales características de Metamask incluyen:

Gestión de tokens

Metamask te permite almacenar, enviar y recibir tokens ERC-20 y NTFs creados en la red de Ethereum. También es posible gestionar tokens de otras redes con metamask, por mencionar algunas, Polygon, Astar, Optimism, Moonbeam, y muchas más.

Interacción con dApps

Metamask permite a los usuarios acceder y utilizar aplicaciones descentralizadas directamente desde su navegador web. Puedes interactuar con juegos, mercados, intercambios descentralizados y otros tipos de aplicaciones en línea.

Conexión a múltiples redes

Metamask te permite cambiar entre diferentes redes de blockchain, lo que es útil para interactuar con pruebas de desarrollo o redes de prueba, además de la red principal de Ethereum.

Almacenamiento seguro

Las claves privadas se almacenan de manera segura en el dispositivo del usuario y están protegidas por una frase de contraseña maestra. Esto brinda un nivel adicional de seguridad.

Importación/exportación de claves privadas

Metamask permite a los usuarios importar y exportar claves privadas, lo que es útil si deseas acceder a tus fondos desde otras billeteras.

Compatibilidad con múltiples navegadores

Aunque Metamask comenzó como una extensión de Chrome, ahora también está disponible para otros navegadores, como Firefox y Brave.

En resumen, Metamask es una herramienta fundamental para cualquier persona que quiera explorar el ecosistema de Ethereum y participar en aplicaciones descentralizadas, ya que simplifica la interacción con contratos inteligentes y tokens en la red blockchain de Ethereum. Sin embargo, siempre debes tener en cuenta la importancia de la seguridad al usar billeteras y ser cauteloso con tu información personal y financiera.

5.3.2 Polkadot.js, Polkadot y Kusama

Pasamos de un extremo a otro y de Metamask, nos vamos a Polkadot.js, una wallet que muchos usuarios consideran extremadamente compleja. En mi opinión, es una wallet genial que tiene muchas, muchas funcionalidades, que claramente la hace más compleja. Pero creo que no existe otra que tenga tantas funcionalidades como esta.

Polkadot.js cs una biblioteca de software y una serie de herramientas desarrolladas por Parity Technologies para interactuar con la red Polkadot y otras redes basadas en los protocolos de Polkadot, Kusama, Astar, Moonbeam, etc...

Polkadot.js, puede funcionar como wallet y dado que Polkadot es una plataforma de blockchain que permite la interoperabilidad entre múltiples cadenas de bloques, significa que diferentes blockchains pueden conectarse y comunicarse entre sí de manera eficiente, la wallet será útil para todas las cadenas del ecosistema Polkadot.

Las principales características y funciones de Polkadot.js incluyen:

Interfaz de usuario para billeteras

Polkadot.js proporciona una interfaz de usuario (UI) que permite a los usuarios gestionar sus cuentas y billeteras en las redes Polkadot, Kusama y todas las parachains. Los usuarios pueden enviar y recibir tokens, gestionar sus claves privadas y realizar otras operaciones relacionadas con tokens.

Explorador de bloques

La biblioteca incluye un explorador de bloques que permite a los usuarios explorar la cadena de bloques de Polkadot y acceder a información detallada sobre las transacciones, bloques y cuentas.

Conexión a nodos

Polkadot.js permite a los desarrolladores y usuarios conectarse a nodos de la red Polkadot, lo que les permite interactuar directamente con la red, enviar transacciones y consultar información en tiempo real. En muchos casos el usuario puede elegir el nodo al cual desea conectar.

Soporte para múltiples redes

Polkadot.js es compatible con varias redes, incluida la red principal de Polkadot y la red de pruebas Rococo, así como Kusama y otras redes que utilizan la tecnología de Polkadot.

Seguridad y control

Los usuarios pueden mantener el control de sus claves privadas y firmar transacciones de forma segura utilizando Polkadot.js, lo que garantiza un alto nivel de seguridad en sus operaciones en la red.

En resumen, Polkadot.js es una herramienta esencial para aquellos que desean interactuar con la red Polkadot y desarrollar aplicaciones que aprovechen las capacidades de esta plataforma de interoperabilidad blockchain.

Aunque la interfaz gráfica no es muy amigable al usuario y puede dar la sensación de interactuar con un software de una central nuclear, el funcionamiento de esta es simplemente genial y todos aquellos que no tengan miedo a experimentar podrán dar este paso.

En la web hay videos sobre Polkadot.js y hay un crack que explica de manera genial sobre su funcionamiento, él es Cervera. Te invito a seguir su canal Cryptonitas, acá el enlace.

5.3.3 La amigable Nova wallet.

Nova Wallet es una billetera desarrollada para el ecosistema Polkadot y Kusama y realmente es muy amigable.

Si el lector prueba esta billetera, es posible que coincidamos en que ha sido desarrollada pensando en una buena experiencia de usuario.

Está disponible para IOs, y Android, también es posible descargar el apk directamente para otros tipos de sistemas operativos. Acá el link de su web.

Con esta billetera además de custodia puedes realizar transferencias, conectarte a diferentes protocolos, hacer staking, conectarte a dApps en el ecosistema Polkadot.

La wallet sigue evolucionando.

5.3.4 Otras wallet

Existen más alternativas de wallets, como Ledger, SubWallet, Talisman, Encrypt, Fearless, polkawallet, que serán abordadas en el libro de DeFi en Polkadot.

El mensaje final de este apartado querido lector es que una wallet es una herramienta para conectar con los servicios web3.

5.3.5 Exploradores y escáner

Un explorador de bloques (también conocido como block explorer) es una herramienta en línea que permite a los usuarios rastrear, buscar y visualizar información detallada sobre transacciones, bloques y direcciones en una cadena de bloques específica. Estos exploradores son esenciales para la transparencia y la visibilidad de las operaciones en una cadena de bloques, lo que ayuda a los usuarios a verificar transacciones, saldos y registros en tiempo real.

¿Para qué sirve un explorador?

Aquí hay algunas de las funciones clave de un explorador de bloques:

Búsqueda de transacciones

Los usuarios pueden buscar transacciones específicas ingresando la dirección del remitente, la dirección del receptor o el hash de la transacción. Esto permite verificar el estado de una transacción y su confirmación en la cadena de bloques.

Información detallada del bloque

Los exploradores de bloques proporcionan información sobre cada bloque en la cadena, incluyendo su número de bloque, sello de tiempo, recompensa de minería, y una lista de todas las transacciones incluidas en ese bloque.

Visualización gráfica

Muchos exploradores de bloques presentan datos en una interfaz gráfica fácil de entender. Esto facilita la visualización de la estructura de la cadena de bloques y la secuencia de bloques y transacciones.

Historial de transacciones

Los usuarios pueden ver un historial completo de todas las transacciones relacionadas con una dirección específica, lo que brinda transparencia y trazabilidad a las operaciones en la cadena de bloques.

Saldo de direcciones

Los exploradores de bloques muestran el saldo actual de las direcciones de criptomonedas, lo que permite a los usuarios verificar cuántos fondos tienen en una dirección específica.

Estadísticas de red

Los exploradores a menudo proporcionan estadísticas sobre el estado de la red, como el número total de nodos, la tasa de hash, la dificultad de minería y otros datos relevantes.

Compatibilidad con múltiples blockchains

Los exploradores de bloques pueden ser específicos para una cadena de bloques en particular (por ejemplo, Bitcoin o Ethereum), o pueden ser capaces de rastrear múltiples cadenas de bloques.

Identificación de contratos inteligentes

En cadenas de bloques que admiten contratos inteligentes, los exploradores pueden mostrar información sobre estos contratos y sus transacciones asociadas.

Algunos ejemplos de exploradores de bloques populares incluyen Etherscan para Ethereum, BlockchainInfo para Bitcoin, y BscScan para la Binance Smart Chain, entre otros.

A continuación encontrarás un video sobre EtherScan y en el mismo canal también encontrarás videos de otros exploradores como BSCScan.

VIDEO

EtherScan

Estas herramientas son valiosas para usuarios, desarrolladores y entusiastas de las criptomonedas para comprender y verificar la actividad en una cadena de bloques determinada.

Evolution Labs

Evolution Labs es un explorador que muestra como presentar de manera elegante una colección de NFT. Evolution Labs, es un producto asociado al juego Evolution Land, y tuve la suerte de participar un tiempo con el equipo y apoyar con la traducción de las funcionalidades de la herramienta al idioma español.

El lector podrá apreciar los apóstoles filtrando por cadena, continente, por dueño, por fecha.

Cada imagen mostrará sus características.

Acá te dejo un enlace para que veas el explorador y un video.

VIDEO

Evolution Labs

Palabras finales

En este viaje a través de los NFTs, espero que hayas encontrado inspiración y conocimiento que te ayude a comprender y aprovechar al máximo este fascinante universo digital, pero recuerda, esto es solo el comienzo. La tecnología blockchain y los NFTs están en constante evolución, y hay infinitas posibilidades para explorar y descubrir. Te invito a seguir aprendiendo, a mantenerte actualizado sobre las últimas tendencias y a ser parte activa de la revolución de la Web3.

Si deseas explorar más a fondo el mundo de las finanzas descentralizadas, los NFTs y los tokens, te animo a suscribirte a mi canal de YouTube, GreenBoard DeFi. Aquí encontrarás contenido actualizado, análisis en profundidad y discusiones apasionantes sobre estos temas en constante cambio.

Finalmente, te insto a ser parte activa de la Web3. Únete a comunidades, participa en proyectos, y sé un agente de cambio en esta nueva era digital. La Web3 ofrece la oportunidad de rediseñar la forma en que interactuamos en línea y cómo compartimos el valor digital. ¡No te quedes atrás, sé parte de la revolución!

Gracias de nuevo por tu tiempo y tu interés. ¡Hasta pronto en la Web3!

Atte

MACZAM

Anexo

En el viaje del conocimiento y del compartir he conectado con grandes personas en el mundo y a algunos de ellos jamás los he visto físicamente. Les he pedido que respondan,

El NFT es sólo una moda o es mucho más, ¿qué es un NFT para ti?

acá comparto sus pensamientos,

#NFT es una gran herramienta con un potencial inimaginable, que no solo se limita a un caso de uso como el del arte digital.

REY CRYPTO

*@Rey_Crypto_*

Tiene el poder de ser las dos cosas, vimos una moda que se transformó en burbuja hace un tiempo, pero eso no le quita el potencial que tiene un token no fungible. Creo que un área que podría explotar el uso de NTFs en el futuro es IoT.

ROBERTO VILLAVICENCIO

@RobertoCripto

Creo que a pesar de la burbuja que se creó los NFT seguirán su camino hacia los real world assets dónde su papel permitirá descentralizar algunas industrias y a transformar otras que necesitan de la tokenizacion para poder ser más eficientes.

Creo que en cuanto a las colecciones NFT estás pueden funcionar para fondear proyectos que a lo mejor y por su modelo de negocio no son viables para un grant.

LEO

@Leocriptogeek